양자역학의 세계

처음으로 배우는 사람을 위하여

가다야마 야스히사 지음
김명수 옮김

전파과학사

머리말

양자역학이라고만 하면 「그런 것은 나와는 아무런 관계가 없으니 별 흥미가 없다」고 외면하는 사람이 많은 것 같다. 그것도 무리는 아니다. 지금까지 양자역학 해설서에는 어려운 수식이 많이 들어 있다. 고등수학에 어느 정도의 예비지식이 없으면 이해하지 못한다. 물론 소수의 예외는 있었다. 예를 들면 가모브의 「미지의 세계로의 여행—톰킨스 씨의 물리학적 모험」은 수식 대신에 교묘한 비유를 써서 상상력에 호소하여 상대성 이론이나 양자역학이 어떤 것인가를 알리려고 시도하였다. 나에게는 이 책이 아주 재미있었다. 물리학을 잘 모르는 사람들에게도 재미있는 책이었을 것이다. 그러나 그 책이 양자역학의 입문서로서 쓸모 있었는가는 의심스럽다.

가다야마 교수가 수식을 쓰지 않는 양자역학의 해설서를 쓴다고 듣고는 믿을 수가 없었다. 오랫동안 나와 함께 소립자론의 연구를 한 가다야마 교수는 까다로운 수식에 너무 익숙하다. 「수식을 쓰지 말라」는 조건 때문에 무척 당혹해 할 것이라고 생각하였다.

그런데 머리말을 써달라는 부탁을 받고 보내온 원고를 보니 정말 수식은 하나도 들어 있지 않았다. 대화식으로 되어 있어서 읽기 쉬웠다. 더구나 그 내용은 상당히 고급이었다. 양자역학을 어떻게든지 이해시키려고 고심한 점을 나도 알 수 있었다. 이만한 내용을 말로 표현하기란 쉬운 일이 아니다. 유례가 없는 책이라고 감탄했다.

가다야마 교수는 인간적인 면과는 몹시도 동떨어진 소립자를 직관적으로 연구해온 보람이 있어 보다 구상적(사물, 특히 예술 작품 따위가 직접 경험하거나 지각할 수 있도록 일정한 형태와 성질을 갖추고 있는 또는 그런 것)인 양자역학을 뜻밖에 쉽게 설명할 수 있었는지 모르겠다. 최근 공과대학 학생을 가르치고 있어서 그의 교육기술이 한층 진보되었는지 모르겠다.

내가 중학생이었던 무렵 상대성원리가 세계적으로 유행하였다. 시간, 공간, 에터, 만유인력 등 누구나 막연히 알고 있는 사실이 문제가 되었으므로 많은 사람들의 흥미를 끌었는지 모르겠다. 그러나 평생 물리학에 관심이 없는 많은 사람들이 일시적이긴 해도 상대성원리를 일상의 화제로 삼은 것은 이례적인 일이었다. 그 후 이런 일은 두 번 다시 일어나지 않았다.

양자역학은 플랑크의 양자론에서 시작되었다. 그것은 1900년에 나왔다. 아인슈타인의 상대성이론은 그보다 5년 늦었다. 그러나 아인슈타인은 10년 정도 사이에 거의 혼자 힘으로 상대론을 완성시켰다. 양자론이 양자역학이라는 형태로 일단 완성하기까지에는 25~26년이 걸렸다. 거기까지 도달하기 위해 많은 뛰어난 물리학자들의 노력의 집적이 필요하였다. 그동안 양자론과 양자역학은 상대성원리와 같은 붐을 한 번도 일으키지 못했다. 그 대신 학계에서는 조용한 붐이 계속되었다. 물리학을 변혁시킨 양자역학의 영향은 자연과학의 다른 분야로 급속히 퍼졌다. 오늘의 화학은 양자역학을 기초이론으로 하는 점에서 물리학과 공통의 지반 위에 서게 되었다. 전자공학에 있어서 트랜지스터나 메이저, 레이저와 같은 획기적인 발명은 양자역학 없이는 불가능하였다. 생명현상을 이해하는데도 기본적 수

준에서는 양자역학 없이는 불가능하게 되었다.

뿐만 아니다. 과학문명 속에서 생활하는 이상 양자론 또는 양자역학을 「그런 것은 관계없다」고 외면하지 못하게 되었다. 인체나 세균에 대한 자외선 작용이 눈에 보이는 광선과 다르다는 것은 누구나 알고 있다. 그에 관해서는 광량자의 도움을 받아야 한다. 비휘발성 물질 덩어리를 가열하면 적열하고 더 온도를 높이면 백열한다. 이렇게 잘 알려진 현상을 설명하려고 플랑크는 고심한 끝에 양자론을 발견하였다. 철이 어떻게 자석이 되는가, 수소와 산소 등의 원자 간의 화학결합의 본질은 무엇인가, 이런 종류의 의문은 얼마든지 있겠지만 이에 정답을 내는 것이 양자역학이다.

상대성원리는 철학적 색채를 띠고 있었다. 이것이 많은 사람들이 상대성 이론에 관심을 가지게 된 이유 중에서 으뜸이 된다. 그러나 양자역학은 상대성원리에 못지않은 철학적 문제를 일으켰다. 특히 하나의 원인이 야기하는 결과는 반드시 하나가 아니라는 불확정성은 우리의 사고방식에 심각한 영향을 미치지 않을 수 없었다. 이런 일들을 생각하면 양자역학은 알지 못하는 동안에 어느덧 모든 사람의 상식의 일부가 되어갈 소지가 있다. 다만 많은 사람이 여간해서는 이해하기 어렵기 때문에 상식화가 늦어지고 있다고 생각된다. 이 벽을 뚫기 위해 가다야마 교수가 고심한 이 책이 많은 사람들에게 널리 읽히기를 기대한다.

유가와 히데키

처음에

이 책은 현대 과학에 흥미를 갖는 많은 사회인과 학생, 이제부터 과학의 문으로 들어가려고 하는 젊은이를 위해 썼다. 따라서 과학과 수학의 예비지식 없이도 읽을 수 있게 애썼다. 특히 수식은 일절 쓰지 않았다.

양자역학은 눈에 보이지 않는 원자, 분자의 세계를 이해하기 위해 꼭 필요한 이론이다. 여기서는 우리의 일상 세계에서 통용되는 상식과는 아주 다르다. 그 때문에 양자역학은 정확을 기할 필요가 있어 보통 고도한 수학적 갑옷을 입는다. 그러므로 양자역학을 수식 없이 해설한다는 것은 대단한 모험이다.

그러나 그 모험을 감히 범하려고 생각한 이유는 두 가지이다. 하나는 원자, 분자의 세계가 우리 생활과 깊은 관련을 갖게 되었고, 그 세계를 모든 사람이 이해해야 하기 때문이다. 둘째는 양자역학에 바탕을 둔 사고방식과 사실을 확인하는 방법은 우리의 상식을 배척하기 보다는 오히려 반성하게 하며, 그런 사고방식과 방법은 여러 면에서 쓸모 있기 때문이다. 이리하여 양자역학이 모든 사람에게 새로운 상식이 되는 시대가 곧 다가오리라 생각된다. 그러기 위해서는 과학자는 자신들의 상식을 더 널리 사람들에게 알릴 모험을 해야 한다고 생각하였기 때문이다. 이 책이 과연 기대한대로 씌어졌는지 모르겠지만 이러한 저자의 희망을 독자 여러분이 받아들여준다면 아마도 앞으로 더 뛰어난 책이 나오리라 생각한다.

양자역학은 20세기에 태어나 단기간에 눈부신 진보를 이룩하였다. 저자는 이 책을 쓰기 시작할 때쯤 이전에 같은 생각으로 씌어진 책을 읽어보았다. 1939년에 간행된 다무다의 「양자론」이다. 저자의 은사 중 한 분인 다무라 선생은 최근 교토(京都) 대학을 정년퇴직하셨는데 이 책에는 새로 태어난 양자역학을 모든 사람에게 이해시키려는 청년학도의 젊은 정열이 담겨져 있었다. 그로부터 30년이란 역사는 양자역학을 놀랄 만큼 넓은 분야로 넓혔다. 앞으로도 그럴 것이다.

그러므로 아마 이 책에 쓰인 내용도 곧 바뀔 것이다. 이 책을 읽은 사람 가운데서 더 넓은 미래의 양자역학을 쓸 사람이 나올 것을 저자는 마음으로부터 기대한다.

또 권두에 머리말을 써주신 유가와(1949년도 노벨물리학상 수상) 선생님, 이 책을 쓸 기회를 주신 나카무라 선생님, 또 이 책을 출판하기 위해 노력을 아끼지 않았던 고단사의 다자와 씨, 스에다께 씨, 까다로운 삽화를 그리는데 수고해 주신 나가미 씨에게 크게 감사드린다.

가다야마 야수히사

차례

Ⅰ. 친숙해진 양자

〈핵분열, 융합 반응만이 인류가 얻을 수 있는 마지막 불이 아니다〉

커피와 양자역학

계절을 잊게 하는 햇볕이 따사로운 오후에 대학 연구실을 빠져나와 가까운 다방에 들어선 A 교수는 거기서 뜻밖의 친구를 만났다. 학생시절부터 친했고, 여러 가지 문제를 같이 토론한 친구 B 씨이었다. 인문계통의 대학을 나와 출판사에 근무한다고 들었다.

그런데 다시 만난 두 사람이 인사말이 오고 가기도 전에 B 씨가 엉뚱한 말을 꺼냈다.

B: 「한번 틈을 내서 자네를 찾아보려 하던 참이었네. 양자역학이란 어떤 것인가를 물어보려 말일세. 어떤가?」

A 교수는 지겹다는 얼굴을 하였다. 그는 조금 전까지도 교단에서 양자역학을 강의하고, 그 피곤을 풀기 위해 커피를 마시러 나왔다. 그런데 다시 되풀이하라니 큰일이라 생각했기 때문이다.

A: 「잠깐. 말이야 쉽지만 한 마디로 끝날 이야기가 아닐세」

B: 「아니, 실은 나도 그럴 생각은 아니네. 자네만 좋다면 몇 번으로 나눠 이야기를 듣고 싶네. 그렇다고 교과서에 씌어 있는 것 같은 얘기로는 안 되네. 첫째, 내가 수식에 약하다는 건 자네도 알지. 그러니 다소 시간이 걸려도 수식을 일절 쓰지 않고 부탁하고 싶네. 무리일까? 다시 말해 이렇게 커피를 마시는 기분으로 말일세」

A: 「커피를 마시는 기분으로 양자역학을 얘기하란 말이지. 좀 어렵겠는 걸」

A 교수는 잠시 생각에 잠겼다. 아무튼 양자역학은 고등한 수

학을 토대로 만들어진 이론이라고 말한다. 그러므로 학생시절에는 수학 없이 양자역학을 이해할 수 없다고 생각한 적도 있었다. 그러나 요즘에는 양자역학의 재미는 그 수식으로 된 갑옷과는 다르다고 생각하게 되었다. A 교수의 학생시절과 지금은 사정이 많이 달라졌다. 양자역학이 일부 이론물리학자의 손으로 개척되던 시대로부터 모든 자연 과학자에게 응용되는 시대로 변했다. 이미 양자역학은 상식의 하나가 되었다. 그러고 모든 사람에게 상식이 되어야 하는 시대가 올 것이다. 그렇다면 양자역학도 커피를 마시는 기분으로 누구에게나 친숙해져도 무방할 것이다.

A:「아무튼 되는가 안 되는가 해 보세」

A 교수는 이렇게 대답하고 식어가는 커피를 마셨다.

새로운 상식

A:「한 가지 물어볼 말이 있네. 대체 자네는 왜 새삼스럽게 양자역학에 관심을 가지게 되었는가?」

B:「엉뚱한 생각인지 모르겠지만 말해 보겠네. 요즘 여러 가지 과학에 조금씩 관심을 가지게 되었는데 눈부실 만큼 진보가 빠르더군. 원자력도 그렇고, 원자폭탄에 놀란 것은 옛날이야기이고, 지금은 원자력발전과 원자력선이 실현되었지. 트랜지스터를 중심으로 한 일렉트로닉스 역시 그렇더군. 화학조미료, 플라스틱, 인공섬유 등 차례차례 신제품을 탄생시킨 석유화학도 마찬가지야. 찾아보면 한이 없겠지만 아무튼 어느 분야든 모두 엄청난 속도로 움직이고 있더군.

양자역학이 상식이 되는 날이 곧 다가온다

이 진보의 원인은 대체 무엇인가 생각해 봤네. 분명히 여러 가지 요소가 있겠는데, 어느 과학 분야를 따져 봐도 결국, 전자라든가 원자, 분자까지 가는 것 같더군. 전선 속을 흐르는 것은 전자이고, 물체를 만드는 것은 원자나 분자라는 것쯤은 알겠네. 그런데 모르겠는 건 왜 그런 눈에 보이지 않는 것이 모든 과학을 초고속으로 추진시키는가 하는 걸세. 전자라든가 원자, 분자라고 하면, 그런가도 생각되지만 아무리 생각해도 잘 모르겠네.

전자나 원자를 알려고 조사하면 이번에는 양자란 말에 부딪치네. 즉 현대 사회를 뒤흔드는 거대한 과학을 지탱하는 이론적 받침이라기보다 기둥의 하나가 이 양자역학이 아닌가 생각했네. 그래서 양자역학을 현대 상식의 하나로 흡수하려고 결심했네. 잘못 생각한 걸까?」

A:「아니 잘못되기는커녕, 훌륭한 생각일세. 우등생의 답변을 듣는 것 같네. 그만한 각오가 있다면 나도 얘기하기 쉽네. 오히려 내가 즐거울 것 같기도 하네」

아무튼 A 교수와 B 씨의 협정은 이렇게 성립하였다. 두 사람이 약속을 지키게 된 것은 물론이다.

보이지 않는 세계를 여는 지팡이

약속한 첫날, 정각보다 일찍 나타난 B 씨는 처음 보는 A 교수실이 조금 거북한 모양이었다. 학생시절이 생각났는지도 모른다. 이리저리 두리번거리더니 엉뚱한 질문을 했다.

B:「자넨 물리학을 연구한다고 들었기에 겸사해서 여러 가지 장치도 구경시켜달라고 할 참이었는데, 실례지만 그런 장

치는 하나도 없군 그래. 이래도 연구가 되는가? 그렇지 않으면 장치가 너무 작아서 내 눈에 띄지 않는 건가」

A:「이건 당연한 일이네. 그런 질문을 자주 듣네. 실험 장치란 상대가 작아질수록 반대로 커지므로, 내 전공으로 말하면 어쩌면 큰 공장 규모라야 하네. 그러므로 이런 작은 방에서는 아무 일도 할 수 없는데, 사실은 그런 큰 장치가 되면 문제가 복잡해져서 여러 가지 면에서 혼자서는 할 수 없어. 그래서 실험만을 하는 실험가와 종이와 연필만으로 하는 이론가로 나눠지네. 옛날에는 이론을 연구하고는 실험을 해보는 연구자도 있었지만 점점 이론이 까다롭게 되면 재능을 양쪽으로 나누는 것은 오히려 손해이네. 실험을 하지 않아도 물리학에는 연구할 일이 산더미 같거든」

B:「연구할 상대가 작아지면 실험장치가 커진다는 것은 잘 모르겠지만 재미있네」

A:「우리의 눈은 아주 작은 것을 보는데 적합하지 않네. 그래서 그것을 보상하는 수단으로서 현미경이 발명되었어. 그 덕분으로 병원균이 발견되었는데, 현미경으로 보이는 범위는 대략 그 정도의 크기까지일세. 그런데 더 까다로운 여과성병원균이라고 불리는 바이러스를 조사하는데 빛 대신 전자선을 쓰는 전자현미경이 등장하네. 그러기 위해서는 전자를 운동하게 하기 위한 높은 전압장치가 필요하네. 이것은 광학현미경처럼 책상 한구석에 놓고 볼 수 있는 크기가 아니야. 이 방의 반쯤은 차지하지. 그런 전자현미경으로는 얼마만한 크기가 보이는가 하면 100만분의

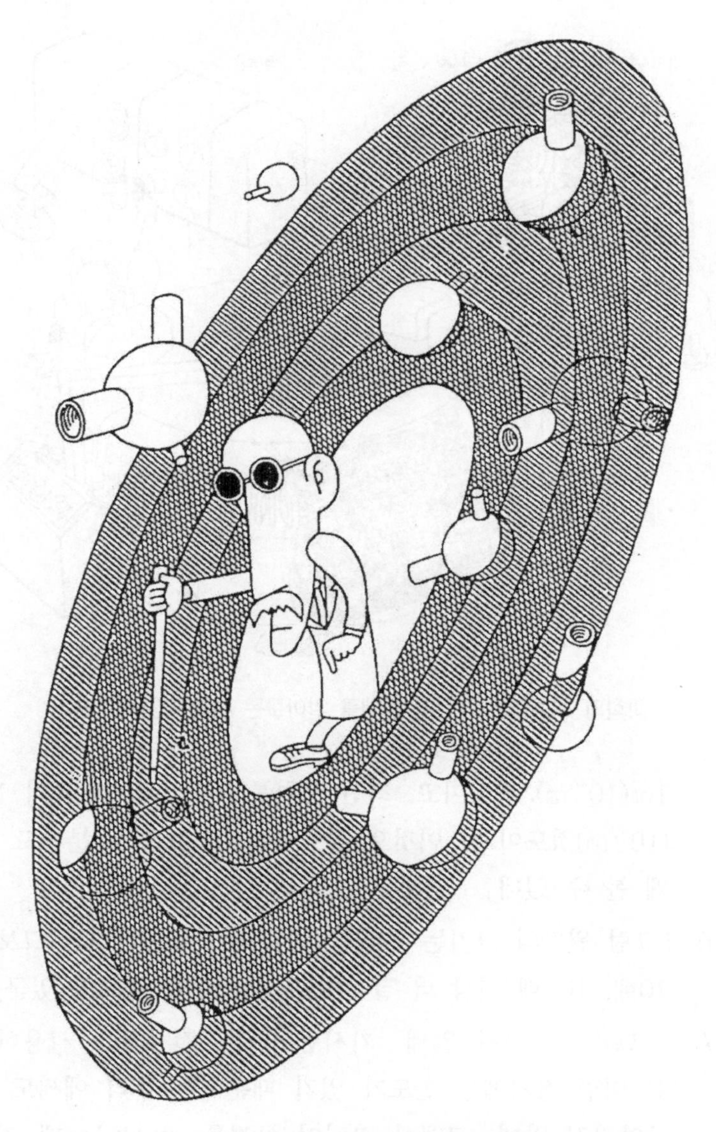

〈그림 1〉 작은 것을 보아온 역사

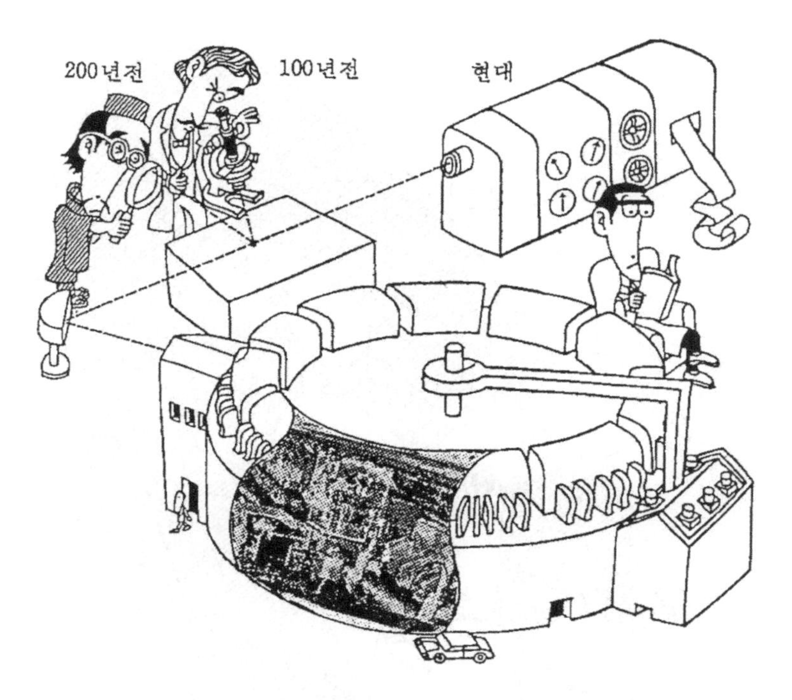

과학의 최첨단은 장님이 물체를 알아보는 것과 다름이 없다

1㎝(10^{-6}㎝) 정도이고, 최신 장치를 써도 1000만분의 1㎝(10^{-7}㎝)정도이지. 이것으로는 원자도, 보통의 분자도 쉽게 볼 수 없네」

B: 「그럼 원자의 크기는 1억분의 1㎝(10^{-8}㎝)이라니까 그보다 10배, 100배 이상 더 잘 보이도록 개량할 필요가 있군」

A: 「그런데 그렇지 않네. 가시광선이나 전자선을 사용하는 한 이런 장치에는 한도가 있기 때문에 아무리 애써도 더 좋아지진 않네. 그래서 장님이 물건을 알아보는 데 지팡이로 두들기는 방법을 쓰는 수밖에 없네. 물론 지팡이도

원자를 상대로 할 때는 원자 정도의 크기가 아니면 소용이 없네. 그리고 원자만한 크기에 충분한 힘을 줄 필요가 있네. 우리가 취급하는 것은 모두 막대한 원자들의 모임이므로 그 원자 하나하나에 충분한 힘을 주려면 전체적으로는 굉장한 힘이 되는 걸세. 그 때문에 장치도 커지지」

B:「큰 장치라면 얼마만한 것인가?」

A:「먼저 전자현미경 대신으로는 X선 장치가 있네. 이것으로 원자 속 전자의 모습을 알게 되지. 다음에 원자핵을 보려면 정전고압장치라든가 사이클로트론이라는 입자가속기가 필요하네. 이 중에서 간단한 것이라면 우리가 사는 집 정도의 건물에 들어가지. 그런데 원자핵을 자세히 알려면 가속기를 아주 크게 할 필요가 생기네. 현재 세계에서 중심이 되는 장치는 큰 빌딩만한 크기이지. 최근 미국에서는 길이가 3㎞나 되는 것까지 만드는 형편일세. 물론 장치가 크면 그만큼 세밀하게 조사할 수 있지만 돈이 많이 들지. 억 원 단위로도 안 되네. 그래서 1자리 작은 데까지 조사하려면 대략 배로 돈이 든다는 계산도 나와 있네」

끝이 없는 소형화

B:「작은 것을 조사하는 데 장치가 커지는 한편, 작은 상대, 예를 들어 전자의 성질을 교묘히 이용한 덕분에 우리 주변의 전기제품은 점점 작아지고 있네. 전자공업의 스타는 트랜지스터라고 생각하였는데, 최근에는 IC(집적회로)가 등장하여 상당히 작아진 라디오가 지금보다 더 작아질 거라더군. 어디까지 작아질까?」

A: 「트랜지스터의 본체는 기껏해야 1㎟인데, 여기에 리드선 그 밖의 부속품을 달아야 하므로 전체는 약간 커지네.

최근에는 트랜지스터의 제조기술도 상당히 진보되어, 한 장의 결정편으로 수천 개의 트랜지스터를 만들 수 있게 되었는데, 뭐니 해도 결점은 전기회로에 연결해야 한다는 점에 있지. 그래서 생각해낸 것이 트랜지스터 본체에 직접 전기회로를 붙이는 방법이야. 본체는 반도체라는 성질을 가진 저마늄이나 규소(실리콘)인데 산화물을 바르고 다시 금속으로 덮어 샌드위치 같은 것을 만드네. 현미경을 이용하여 빛을 비쳐 금속을 녹여 회로를 프린트하지. 그러므로 현미경으로 보이는 범위의 한계까지 공작할 수 있지만, 샌드위치에 얼마만큼 필요한 회로를 살릴 수 있는가에 달렸네」

B: 「그렇다면 회로의 간격을 좁게 한다 해도 조만간 한계가 오겠군」

A: 「확실히 현재하고 있는 방식을 채용하는 한 얼마든지 작아질 수는 없네. 그런데 물질 속에서 무슨 일이 일어나고, 이용되는가를 생각하면 이것은 원자 수준의 현상이므로 얼마든지 작아질 수 있네. 다만 현재로는 원자 수준의 크기를 궤도에 올리려면 회로라는 원자 크기의 수준이 아닌 것을 삽입시켜야 하기 때문에 이 점이 바뀌면 한계는 없어질 걸세」

좁고 광대한 천지

A: 「그럼 트랜지스터의 탄생에 대해서 얘기하겠네. 일렉트로

닉스가 진공관을 중심으로 진보하기 시작한 1930년대 초에는 물리학의 최전선에는 고전물리학을 대신하여 양자역학을 주축으로 하는 새로운 물리학이 참신한 모습을 드러냈지. 기체 속에 있는 전자는 낡은 물리학으로도 충분히 이해되지만 반도체 같은 고체 속에서 일어나는 현상은 새로운 물리학, 양자역학이라야만 비로소 이해가 된 거야.

고체를 연구하는 물리학자들은 금속의 전기전도를 해명한 양자역학과 같은 수법을 써서 반도체 속에서 무엇이 일어나는가 대략 추측하였어. 그러나 유감스럽게도 당시 재료의 질과 기술은 이를 확인하는 데는 너무 수준이 낮았어.

2차 세계대전 중에서 대전 후에 걸쳐 기체 일렉트로닉스는 하나의 어려움에 부딪쳤어. 진공관에서는 전자를 일부러 기체 중에 꺼내므로 유리관 안이 전자의 활약 천지가 되는데 진공관의 개수가 늘면 관내의 극도 늘기 때문에 그만큼 전자의 활동무대가 좁아지고, 증폭할 수 있는 주파수의 높이에도, 관의 치수에도 한도가 있으므로 소비전력이 큰 것과 깨지기 쉽다는 점을 포함하면, 설사 부품이 많이 드는 컴퓨터 같은 장치를 진공관으로 만들려면 드는 수고와 비용이 막대하거든. 이 점을 알아차린 사람들은 차분한 대학의 기초적인 물리학 연구를 가만히 내버려 두지 않았네.

반도체 물질을 개척하기 시작하였고 불순물이 적게 함유된 저마늄과 실리콘이 만들어졌네. 반도체는 그 속에 불순물이 섞인 것이 특색인데, 가급적 적을수록 좋지. 고체를 연구하는 물리학자와 벨 전화연구소가 협력 체제를 취하여 드디어 1948년 바딘, 브래튼, 쇼클리 세 사람에 의해 트랜지스터가 발명되었네」

B:「트랜지스터가 환영받은 것은 어떤 점이었는가?」

A:「트랜지스터의 원리에 대해서는 따로 배울 기회가 있다고 생각되므로, 여기서는 저마늄과 실리콘 고체 속에 근소하게 섞인 불순물이 가진 전자 효과 때문이라고 해두지.

고체는 인간이 만든 진공관보다 훨씬 견고하고 내구성이 강한 용기라고 말할 수 있어. 전자는 진공관같이 광대한 천지가 없다고 생각할지 모르지만 하나하나의 원자 내부는 충분하다고 할 만큼 넓네. 반도체 속의 전자는 기묘하게도 기체 속의 전자보다 민첩하지. 금속의 음극인 필라멘트를 가열하여 전자가 튀어나가게 하는 노력에 비하면, 불순물에서 전자를 떼어내거나, 불순물에 전자를 붙이는 일은 아주 간단하며 내구성이 좋고, 소형으로 또한 전력이 적게 드는, 실로 진공관의 한계점을 깨뜨리는 대상으로 안성맞춤이었네.

여기서 바야흐로 역사는 기체 일렉트로닉스에서 고체 일렉트로닉스로 바뀌게 되었네. 일렉트로닉스가 인류의 눈을 물질 속에까지 뻗힌 양자역학에 의해 모습을 바꿨다고 해도 될 걸세」

미터원기(原器)*도 세인트헬레나 섬으로

B: 「확실히 전기제품을 보면 새로운 과학영역이 개척됨과 더불어 우리가 사는 세계가 변해간 것을 알 수 있는데, 우리의 생활이 언제나 그와 결부된 것은 아니지 않는가? 더 친근한 변화는 없을까?」

A: 「그럼 이런 이야기는 어떨까? 우리 생활에서는 여러 가지 수를 사용한다. 길이, 시간, 그리고 무게라는 수 말일세」

B: 「그건 나도 알고 있는 CGS 단위를 말하는가? 시간을 초, 분, 시로 나타내는 것은 십이지(十二支)를 쓰는 것보다 편리하지만 길이나 무게 등 척관법(尺貫法)에 익숙한 사람에게는 생소해서 몇 평짜리 땅이 몇 ㎡인지 얼떨떨하지.

"몇 ㎖의 막걸리를 마셨네." 해도 잘 생각이 돌지는 않지만, 과학과 일상생활을 결부시키기 위해서는 좋겠지」

A: 「그럼 물어보겠는데, 이 CGS 단위는 무엇을 기준으로 했지」

B: 「길이 C는 미터원기(原器)의 100분의 1, 무게의 G도 중량원기, 그리고 시간의 S는 그리니치 천문대의 표준시계라고 생각되는데」

A: 「옛날이라면 자네는 만점을 맞았겠지만 오늘날에는 길이와 시간에 대해서는 영점일세」

B: 「내가 알기로는 미터원기는 프랑스 혁명 때 탄생한 프랑스국민의회가 문화정책의 하나로 제안하여 세계적으로 인정되어, 같은 형의 복제원기가 각국에 비치되었다고 생각되는데」

---

*편집자 주: 표준자

미터원기도 세인트헬레나 섬으로

A: 「과학의 진보는 오차가 나기 쉬운 그런 물건도 그대로 두지 않았네. 빛의 파장, 즉 1만분의 1㎝(10^{-4}㎝) 정도를 측정하려 하면 미터원기의 바탕이 된 지구의 치수란 믿을 수 없음을 알게 되었네. 원기는 온도에 따라서도 변하고, 오차가 생기지 않게 보관하는 것도 큰일일세. 세계 어디서 언제 측정해도 오차가 생기지 않는 기준을 사용하는 편이 훨씬 합리적이지. 그래서 원자가 내는 빛의 파장이 주목받게 되었네」

B: 「원자가 내는 빛의 파장은 일정한가?」

A: 「기체가 된 원소를 가열하여 빛을 내게 하면 각 원소의 차이에 따라 그 원소에 특유한 색을 가진 빛을 내네. 카드뮴은 적색, 크립톤은 주황색을 내지. 이 빛은 원자가 내는 빛인데 그 파장은 아주 일정하지. 이것이 양자역학을 탄생시킨 실마리가 되었으며, 원자 내의 전자가 양자역학의 법칙에 따르는 증거이기도 하네. 이 얘기는 뒤로 돌리세.

결국 1960년에 크립톤의 주황색 빛의 파장이 길이의 기준으로 채용되었네. 이것을 기준으로 하면 1m는 1,650,763.73배인데, 종래 사용해오던 원기보다 약 100만분의 1이 되는 원기가 탄생한 걸세」

B: 「그렇군. 그렇게 세밀하면 그편이 합리적이기도 하고, 원자나 분자가 주역을 이루는 현대 과학에서는 훨씬 실용성이 있다는 건가. 그러면 20세기 원자과학은 미터원기도 나폴레옹과 비슷한 운명을 걷게 했군」

시간은 원자가 새긴다

A: 「다음은 시간 이야기일세. 시간을 정확하게 재기 위해서는 아주 옛날부터 천체의 운동에 의존하였지. 천체는 영원히 변함이 없다고 믿었기 때문이야. 그래서 지구의 자전주기(평균태양일)를, 다시 1960년부터 지구의 공전주기(태양년)를 시간 척도의 기준으로 쓰이게 되었네. 그러나 더 믿을 만한 절대시간을 새기는 것을 알아냈네」

B: 「전에 "천지창조"란 영화가 있었는데 노아의 방주가 40일간 호우 속을 표류하는 장면이 있었지. 주야의 구별이 없는 가운데서 어떻게 날짜를 헤아렸는가 하면 방주에 타고 있던 동물들의 우는 것과 알을 낳는 일 따위의 생리작용의 주기성을 이용하였다니 재미있었네」

A: 「정말로 규칙적인 주기성을 갖는 현상이 있다면, 그것이 무엇이든 시계가 되는데 그 중에서 가급적 정밀도가 좋은 것을 찾아가면 다시 원자나 분자까지 가네. 분자 속에서 원자는 꽉 매여 있지 않고 진동하기도 하고 회전하는 등, 여러 가지 주기적인 운동을 하지. 원자 속의 전자도 마찬가지로 주기적인 자전운동을 하며 이런 운동은 양자역학에 따르기 때문에 특별한 진동수, 즉 주파수를 가지지. 이것을 이용하면 가장 정밀도가 좋은 시계가 만들어지지만 엿장수 마음대로는 되지 않네」

B: 「너무 작아서 시계로 못쓴다는 건가?」

A: 「아닐세, 시계장치 문제가 아닐세. 그건 전파로 작동시키면 되네. 어려운 점은 분자 내의 원자, 원자 내 전자의 운동주기가 전파에서 말하면 마이크로파라는 점일세. 그

러므로 마이크로파를 충분히 다룰 수 있는 기술이 진보되기 전에는 손을 쓸 수 없었네.

2차 세계대전 중에 진행된 레이더 연구 덕분으로 마이크로파 기술이 진보되어 이것이 실현되었네. 원자, 분자 내의 운동주기를 알아내려면 외부에서 이와 비슷한 주파수를 가진 전파를 보내서 그것이 흡수되는 상태를 보면 되네. 이때 마치 그네를 미는 경우와 비슷한 일이 일어나는데 흔들리는 주기에 맞추어 힘을 가하지 않으면 그네는 잘 흔들리지 않네. 이것을 공명(共鳴)이라 하는데, 보낸 마이크로파는 원자, 분자의 운동주기의 주파수와 같은 곳에서 크게 공명하여 상쇄되어버리네. 그러므로 나오는 마이크로파는 일정 간격으로 표시되고 그 전파로 시계를 작동시키면 되는 걸세.

이리하여 원자시계가 만들어지자 긴급하게 필요하였으므로 길이 기준의 개정에 이어 4년 후인 1964년에 시간기준이 개정되었네.

세슘원자의 흡수주파수는 매초 9,192,631.77킬로헤르츠이므로 약 1000만분의 1초 간격으로 시간을 새기며 언젠가는 천체에 의존하던 시간과의 차도 밝혀질 걸세」

B: 「그렇다면 길이와 시간의 척도도 양자역학의 신세를 지게 된 건가?」

우주의 끝이 보이는 빛

A: 「내친걸음에 원자가 일정한 파장을 가진 빛을 내거나 원자, 분자가 일정한 파장을 가진 마이크로파를 흡수하는

〈그림 2〉 레이저광

성질에는 또 다른 사용법이 있네. 암모니아 기체 속의 많은 분자는 모두 같은 상태는 아니야. 1개의 분자는 밖에서 들어오는 마이크로파를 흡수하는데 다른 분자는 같은 파장의 마이크로파를 반대로 방출하지. 다만 나중에 말한 분자수는 비교적 적으므로 기체 전체로서는 흡수되는 것이 원자시계의 원리일세.

그래서 마이크로파를 내는 분자만을 갈라서 모으면 전파발진을 할 수 있다고 생각되었네. 만일 분자만으로는 충분히 발진을 일으키지 못하는 정도로 해놓고, 밖에서 미약한 전파를 보내면 그 분자는 발진을 시작하여 전파를 증폭하게 되네. 이것이 메이저(이 말은 "복사선의 유도방출에 의한 마이크로파증폭"라는 영문의 머리문자를 따서 만들었지만)라는 걸세.

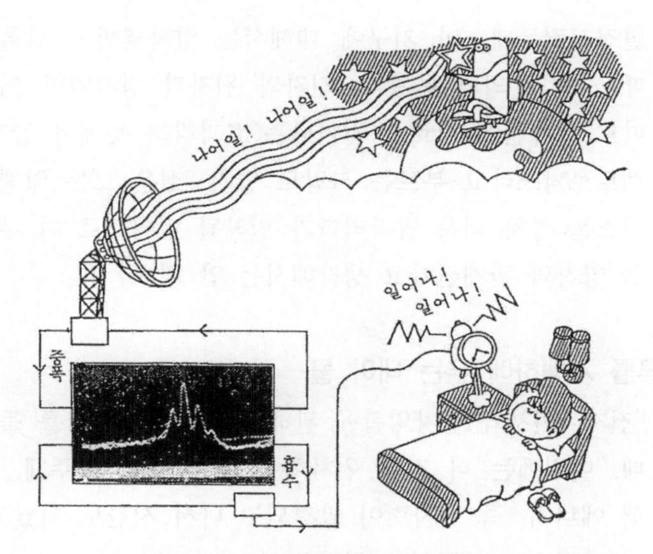

〈그림 3〉 레이저와 원자시계는 마이크로파의 증폭, 발진과 흡수의 차이다

이것을 사용하면 잡음 없는 수신기가 만들어지며, 송신 전력이 약해도 원거리와의 연락이 이상적으로 가능하며 밀리파 이하의 전파를 실용적으로 발진할 수 있으므로 여러 가지로 주목되었네. 파장이 짧은 것까지 포함하여 레이저라고 일반적으로 부르게 되었네.

레이저의 빛은 강력하기 때문에 우주에서의 원거리 통신에 사용되기도 하고 우주의 끝에서 오는 미약한 전파도 포착할 수 있으므로 우주생물을 탐색하거나 그와 통신하는 경우에는 필요불가결한 걸세」

B: 「양자 일렉트로닉스라는 말은 들었네만」

A: 「메이저(Maser), 레이저의 원리는 1954년에 타운즈들이

발전시켰는데, 이 기구에 대해서는 양자역학이 만들어질 때 자주 논의되어 왔네. 전자와 원자가 양자역학 이론에 따르기 때문에 비로소 일어나는 효과라는 뜻에서 양자 일렉트로닉스라고 부르는 사람도 있지. 실은 모든 일렉트로닉스는 장차 더욱 양자역학과 밀착될 것이므로 이 부분만을 양자와 관계된다고 생각해서는 안 되네」

인류를 지배하에 두는 대야 물

B:「전자, 원자와 양자역학에 관해 여러 가지 얘기를 들었는데, 이번에는 더 작은 원자핵에 대해 얘기해 주게. 원자핵 에너지, 즉 원자력이 발견되고 나서 시간도 지났고 여러 방면으로 연구되고 있더군」

A:「그래, 페르미가 시카고 대학에서 만든 원자로에 역사상 최초로 원자의 불을 켠 것이 1942년이었으니…

이 원자력이 개발된 역사만큼 아주 뜻밖의 연구가 훌륭한 결과를 낳는 사실을 극적으로 보여 주는 예는 없네. 이런 교훈을 잊고 눈앞의 문제만을 거론하다간 후회하게 되네」

B:「그럼 그 교훈을 들어보세」

A:「원자력이 탄생한 직접 동기는 페르미가 했던 대야 속의 실험이었네. 그가 여러 가지 원소에 중성자를 충돌시켜 방사성원소를 만들려고 착안한 게 1934년이었네.

중성자를 내는 라돈과 베릴륨의 용기를 원소 옆에 두네. 그러면 원소는 어느새 방사성을 가지는데 이런 실험을 거듭하던 중에 중성자를 내는 용기와 원소 사이에 물을 넣는 편이 방사성을 띨 비율이 커지는 것을 알아냈네. 대야 속에서 실험을 하게 되었네.

물속을 달리는 중성자를 써서 천연에 있는 92개의 원소를 차례차례 표적으로 하는 중에 그 실험의 의의를 알게 되었네. 중성자의 충돌을 받은 원소는 베타선을 내고 원자번호가 하나 큰 다른 원소로 되는데 원소를 인공적으로 바꾸는 연금술(鍊金術)이 나온 걸세. 그는 이 방법을 특허로 냈지. 92번째 원소는 우라늄인데 이것에 중성자를 충돌시키면 어떻게 될까? 93번째의 원소(또 94번째도)는 자연계에는 없네. 그렇다면 이렇게 해서 만들어진 원소는 새로운 것이며, 초우라늄원소라고나 불러야 할까? 나중에 분석한 결과에 의하면 이때 분명히 93번 넵투늄과 94번 플루토늄이 생성되었다고 추측되었네.

그런데 실제로는 그 이상으로 중요한 일이 일어났네. 로마에 있는 오래된 대학의 연구실에서 실시된 간단한 실험이 인류의 미래를 좌우하는 중대한 사실인 원자핵분열 현상을 실현하고, 대야의 물에서 일어난 결과가 인류를 지배하는 데 꼭 필요한 방법을 나타내고 있었음을 세상 누구도, 아니 당사자인 페르미조차 알아차리지 못했었지.

초우라늄원소를 둘러싸고 학계에 소동이 일어났어. 이 원소의 존재를 끝까지 믿은 독일의 한은 드디어 우라늄원자핵이 둘로 쪼개진 사실을 발견했지. 이 소식이 마이트너 여사와 프리쉬로부터 원자물리학의 권위자인 보어에게 전해지고, 아무것도 모르고 미국으로 건너간 페르미에게 다시 돌아가 드디어 원자로가 완성된 걸세」

B: 「전자, 분자나 원자는 비록 작지만 결국은 우리 주위의 갖가지 현상을 지배하므로 거기까지 생각할 필요가 있고, 또 크게 쓸모도 있네. 그런데 원자핵은 특별한 예외를 제외하면 일상생활에 나타나지 않네. 그러므로 원자핵을 연구해도 아무 의의가 없다고 했다면 오늘날의 원자력시대가 태어나지 않았다고 생각해도 되겠군」

A: 「그건 앞으로도 언제나 생각해야 하네」

원자력이 최후의 불은 아니다

B: 「원자력 개발은 어떤 방향으로 나갈까?」

A: 「여러 가지 있겠는데, 먼저 원자로의 개량일세. 고속중성자로, 증식로가 나타났어. 빠른 중성자를 사용하면 천연으로 산출되는 우라늄의 대부분을 차지하는 우라늄 238을 연료로 사용할 수 있으므로 연료비가 싸지네. 다음에는 원자로보다도 발전을 주안점으로 하는데, 현재의 방식은 원자로의 열을 증기로 바꿔 터빈을 가동시키는 화력발전과 같아. 이것은 20세기 과학과 19세기 과학이 동거한 꼴이 되어 능률이 아주 나쁘네. 원자력에서 발전하는 데까지 가장 현대적이고 능률적인 방법이 있을 것이며, 여러 가지 직접발전 방식이 생각되는데 아직 시험단계 일세.

원자력을 꺼낼 수 있는 근원적인 이유는 원자핵 속에서 양성자와 중성자가 결합된 세기가 원자핵마다 차가 있기 때문인데, 우라늄과 그 반의 무게를 가진 바륨과 크립톤을 비교하면 우라늄 쪽이 안에서 결합하는 방식이 약하네. 이 강약의 차가 에너지로 나오지. 이 밖에도 결합이 더 약한 것이 있네. 수소의 하나인 중수소일세. 이 재료는 우라늄과 달리 얼마든지 있지만 이건 앞에서 얘기한 분열반응에 대해 융합반응이라 부르네」

B: 「수소폭탄에 사용된 방식이군, 태양이나 별의 에너지의 대부분이 분명히 그렇다고 들었는데」

A: 「유감이지만 이 반응을 일으키기 위해서는 여러 가지 까다로운 조건이 있기 때문에 수소폭탄 이외의 형태로는 실현되지 않았네. 그러나 가능성이 대단히 많으므로 세계의 여러 학자들이 앞 다투어 연구하고 있네」

B: 「그 얘기는 다른 기회로 미루기로 하고, 융합반응으로 꺼내는 에너지가 인류가 얻을 수 있는 마지막 에너지인가?」

A: 「그렇지는 않네. 원자력을 얻을 수 있는 원인이 되는 원자핵 속에서 양성자나 중성자가 어떻게 결합하며, 그 결합방식에 차이가 생기는지 완전히 밝혀지지 않았지. 원자핵이 보여주는 여러 가지 성질과 행동은 양자역학으로 상당히 상세하게 알려졌네. 그래도 아직 원자핵을 완전히 지배하지 못하고 있네.

양성자와 중성자는 소립자라 불리네. 양성자와 중성자를 결합시키는 힘을 양자역학으로 구하면 중간자라 불리는 소립자에 원인이 있음을 알게 되네. 이리하여 원자핵은 소립자의 세계와 결부되지만 소립자를 양자역학으로 완전히 다룰 수 있는지 어떤지 아직 모르네. 더욱이 소립자간에 작용하는 힘은 현재 우리가 원자력으로 꺼낸 원자핵내의 힘만이 아닌 것 같아. 그러므로 연구 과제는 얼마든지 있지」

여기까지 이야기한 A 교수는 창 밖에 저녁 어스름이 다가왔음을 알고 입을 다물었다. 벌써 B 씨의 머리 속에서는 여태까지 어렵고 생소하던 양자가 차츰 친근하게 느껴지기 시작했다.

Ⅱ. 양자는 이렇게 태어났다

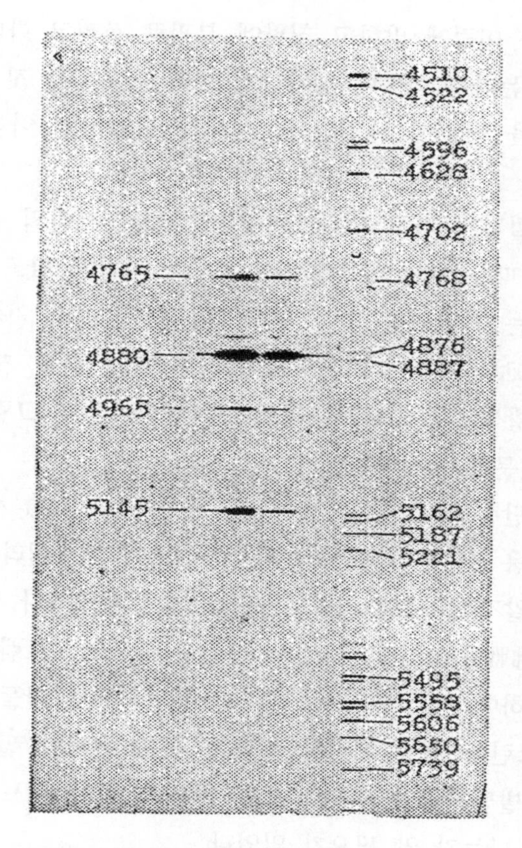

〈스펙트럼은 양자세계로부터 들려오는 목소리이다.
아르곤의 레이저 빛스펙트럼〉

1. 자연은 비약한다

발단은 독일 철 공업에서

A:「오늘은 "양자라는 생각이 어떻게 태어났는가" 하는 이야기를 하겠네. 양자역학이 만들어진 발판일세」

A 교수는 이렇게 말하고 칠판에 분필로 쓰려고 하다가 수식을 쓰지 않는다는 약속이 생각나서 멋쩍은 웃음을 짓고 거추장스러운 손을 난로에 내밀었다. 새해가 밝았지만 아직 계절은 겨울이었다. A 교수는 천천히 이야기를 꺼냈다.

난로가 벌겋게 타고 있다. 이것은 가열된 세라믹 판이 내는 빛이 붉기 때문이며, 내부에서는 가스가 파랗게 타고 있다. 이렇게 물체는 가열되면 빛을 낸다. 이 빛은 여러 가지 파장이 섞인 것이 보통이다. 더 온도를 올리면 빛은 붉은 기를 띤 빛으로부터 황색으로, 그리고 청색으로 변한다. 왜 그럴까? 이야기는 이 질문에서 시작된다.

이것은 단순한 호기심에서 생긴 문제가 아니다. 세단요새에서 나폴레옹 3세를 패배시킨 독일은 50억 프랑이라는 막대한 배상금과 알자스, 로렌 지방을 프랑스에서 빼앗았다. 유명한 보불전쟁(普佛戰爭)이었다. 그래서 큰돈과 알자스, 로렌에서 나는 철을 이용하여 감자나라 독일을 철 공업국으로 만들려고 결심하였다. 그런데 철을 제련하는 데는 높은 온도가 필요하며 가열기술이 발달되어야 한다. 쉽게 말하면 철이 어느 온도에서 어떤 색이 나는가 알 필요가 있었다.

그러기 위해 베를린에는 독일 국립물리공학연구소가 세워졌

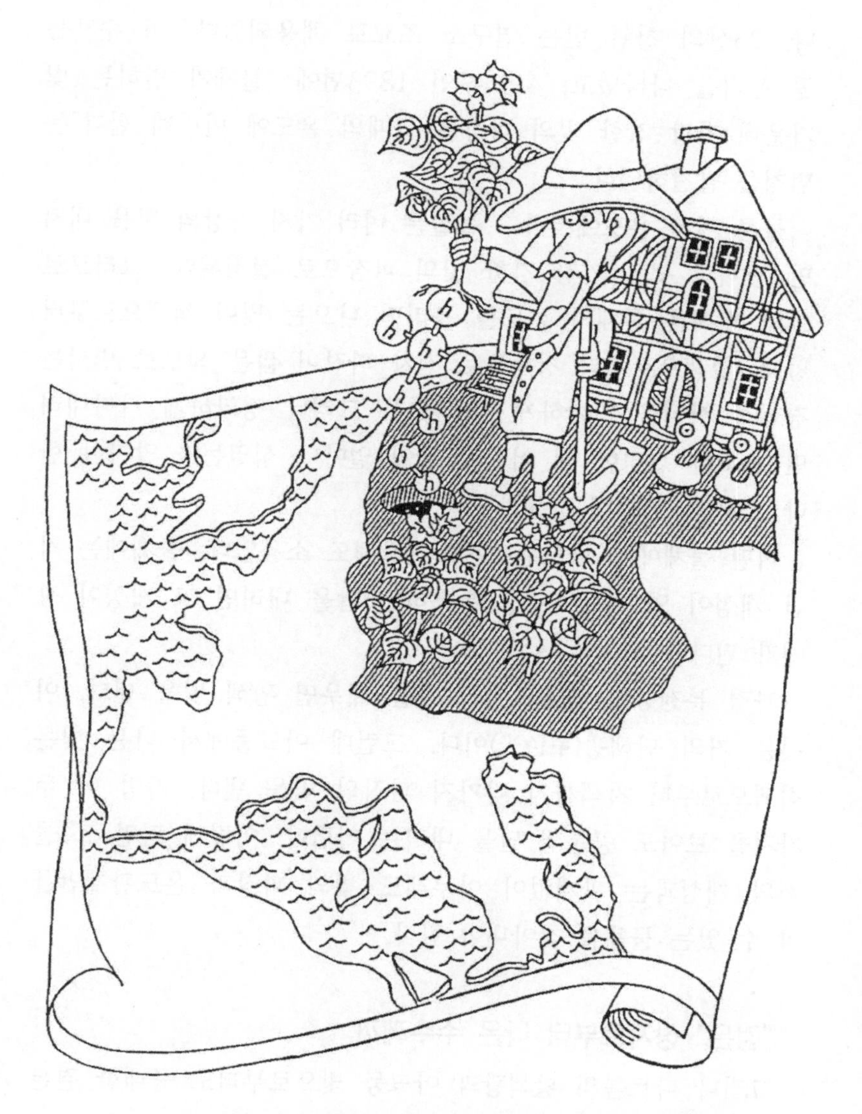

감자나라에서 기운을 내고 양자가 탄생하였다

다. 25살의 청년 빈은 연구소 조교로 채용되었다. 이 수재는 곧 두각을 나타냈고, 4년 후인 1893년에 "물체가 말하는 빛 가운데 가장 강한 빛의 파장은 그때의 온도에 반비례 한다"는 법칙을 발견하였다.

물론 어떤 온도에서라도 물질은 여러 가지 파장의 빛을 내지만 전체의 색은 가장 강한 빛의 파장으로 결정된다. 그러므로 그의 법칙은 물체의 온도를 올리면 나오는 빛이 적색으로부터 황색, 황색으로부터 청색으로 점차 파장이 짧은 색으로 변하는 경험적 사실을 정확하게 나타냈다. 그러나 정확하게 나타내려면 온도를 결정한 때 어떤 파장이 얼마나 섞였는가 알아야 한다. 그러면 어떻게 하는가?

어떤 물체에서 나오는 빛을 관찰해도 소용없다. 물체에는 각각 개성이 있으므로 항상 통용하는 답을 내려면 그 개성이 장애가 된다.

가령 분젠등의 불길로 나트륨을 태우면 황색 빛을 낸다. 이것은 거의 단색광(單色光)이다. 그런데 아크등에서 나는 빛은 적색으로부터 자색까지 갖가지 파장의 빛을 낸다. 가령 이 두 가지를 보아도 공통된 답을 내기는 어렵다. 이렇게 되면 그 물체의 개성과는 관계없이 아무래도 빛의 파장과 온도관계만을 알 수 있는 물체를 찾아내야 한다.

"검은" 상자로부터 나온 수수께끼

그러나 나트륨의 황색광과 아크등 빛으로부터도 중대한 결론이 나온다. 나트륨의 빛은 단색광으로서 프리즘을 통과시켜도 분리되지 않고 황색 빛 부분만이 밝다. 반대로 아크등은 프리즘

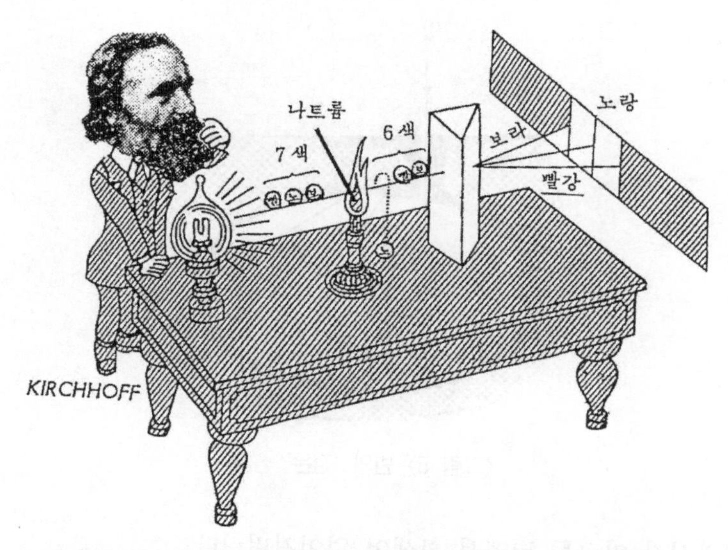

〈그림 4〉 물질은 스스로 내는 빛과 같은 파장의 빛을 흡수한다

을 통과시키면 적색부터 자색까지의 범위에 퍼진 빛을 보인다.

다음에 나트륨을 분젠등으로 태우고, 그 뒤에 강한 빛을 내는 아크등을 둔다. 분젠등을 거쳐 아크등 빛을 프리즘에 통과시키면 전에 아크등만으로 본 퍼진 빛의 띠가 마침 황색 부분만이 이빨이 빠진 것처럼 빠져버린다. 물론 완전히 거기가 검지 않고 나트륨만으로 본 황색선보다 밝지만 아크등이 내는 빛 부분보다는 어둡다.

오래된 성이 있는 하이델베르크에서 키르히호프는 이 사실을 알아냈다. 그는 여러 가지로 생각한 끝에 물질은 자기가 말하는 빛과 같은 파장의 빛을 흡수한다고 결론지었다. 이야기는 오래되어 1859년의 일이었다. 나트륨은 황색 빛을 낸다. 그러므로 같은 황색 빛을 아크등으로부터 흡수해 버린다. 나트륨을

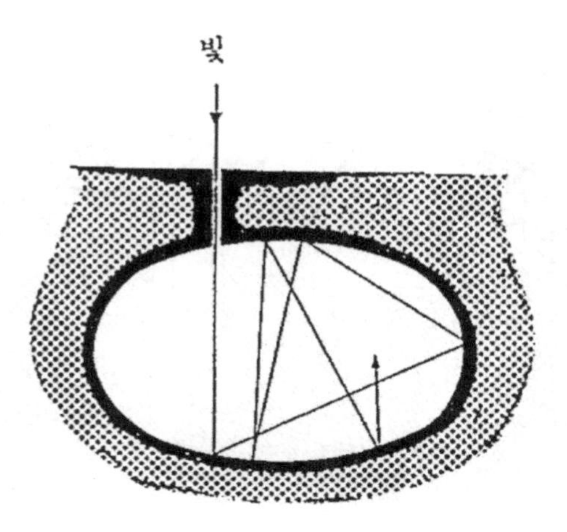

〈그림 5〉 빈의 '검은' 상자

통과시킨 아크등 빛에서 황색이 없어져버린다.

이 키르히호프의 발견은 "여러 가지 빛을 내는 물체 가운데서 고유한 성질이 그다지 문제가 되지 않는 것"을 찾는 힌트가 되었다. 이 발견에 따르면 온도에 따라 여러 가지 빛을 내는 것은 여러 가지 빛을 흡수하는 물체, 즉 "검은" 물체이다.

그래서 "검은" 물체를 찾게 되었는데, 막상 찾아보려니 진짜 검은 것이 발견되지 않았다. 물론 물리학 이야기이다. 숯과 검정으로 시험하였음은 말할 것도 없다. 그밖에 산화철, 백금을 철로 도금한 것도 시험되었는데 모두 이상적(생각할 수 있는 범위 안에서 가장 완전하다고 여겨지는 것)이 못되었다.

많은 사람이 검다는 말에 구애받았다. 그러나 빈은 전혀 다른 것을 생각해냈다. 그것은 내부를 번쩍번쩍 연마한 상자에 작은 구멍을 하나 뚫은 것이었다. 물론 겉이 검지도 않았다. 왜 그는 이것을 "검은" 물체라고 생각했는가? 비밀은 작은 구멍에 있었다.

"검다"는 것은 무엇인가? 어떤 파장의 빛이라도 흡수한다는 것이다. 그래서 빛을 이 상자의 작은 구멍으로 넣어보았다. 빛은 상자 속에서 몇 번이나 반사한다. 그때마다 조금씩 흡수된다. 다시 작은 구멍으로 나오기는 쉽지 않으므로 나오기 전에 완전히 흡수될 것이다. 이것은 바로 "검다"는 정의가 아닌가? 알고 보니 간단명료하여 콜럼버스의 달걀 같았다. 목적에 맞는 것은 검은 물체가 아니고 "검은" 상자였다. 빈의 연구에 의해 어느 파장의 빛이 어느 정도의 세기로 나오는가를 정밀하게 측정되게 되었다.

그런데 검은 상자로부터 새로운 "수수께끼"가 태어났다. 실험도 결과도 올발랐다. 그러나 검은 상자가 나타내는 사실은 모순에 찼다. 어딘가 잘못되었다. 플랑크의 대담한 착상이 나오기까지 인류는 머리를 싸쥐었는데 그 얘기를 계속하겠다.

청색공식

검은 상자를 만들어 사람들을 놀라게 한 빈은 이어 세 번째 히트를 쳤다. 이 상자에서 나오는 빛은 어느 온도에서 어떤 색의 빛이 어떤 세기로 섞였는가 하는 공식을 유도하였기 때문이다.

가열된 상자 속에는 파장이 다른 빛이 가득하다. 그런데 가열된 가스 속에서 분자는 가로세로 심하게 운동한다는 것은 볼츠만이 밝혀냈다. 그리하여 열현상이 상세하게 알려졌다. 빈은 이 생각을 적용해보려고 생각했다. "검은" 상자 내부에 있는 빛도 분자를 닮았음에 틀림없다고 생각하였다.

그런데 이 기발한 생각이 받아들여지지 않았다. 빛은 파동이라고 믿던 모든 사람에게 분자 같은 입자라는 생각이 받아들여질 리 없었다. 열학의 원조(元祖)로 여겨진 켈빈 경은 "열이론도 드디어 한물갔다"고 한탄하였다. 그런데 빈의 공식이 기묘하게도 실험과 잘 맞았다.—

B:「이야기가 잘 풀려나가는 것 같고, 빈은 뛰어난 천재였다고 생각되는데 어떤 점에서 받아들여지지 않았는가?」

A:「빈이 빛을 분자에 유추(類推)한 것은 당시로서는 놀랄만한 착상이었네. 그러나 자네도 알다시피 그 때까지 빛의 본체에 대해 뉴턴에서 시작되는 입자설과 호이겐스의 파동설(波動說)은 오랫동안 논쟁한 역사가 있었네. 그리고 파동설이 완전히 승리를 거두고, 맥스웰의 전자기파론이 확립된 상황이었으므로 그의 생각이 낡은 재론의 재탕이라고 여겨진 것도 무리가 아니었어. 그리고 빛의 파장이라는 말을 입자론으로 설명하기 위해 그는 상당히 비약된 논리를 사용해야 했지. 실험도 충분하지 않았네」

—과연 실험의 정밀도가 높아짐에 따라 빈의 공식에도 약점이 드러났다. 공식은 짧은 파장을 가진 빛의 세기의 분포는 잘 설명하는데, 긴 파장을 가진 부분에서의 차이가 심했다. 빈의 식에 따르면 적색이 상당히 감쇠하고 전체로는 파랗게 되어야 하는데, 실제로 나오는 빛은 그것보다 붉은 기를 띠었다. 이것은 이른바 청색에 적합한 "청색 공식"이었다.

적색공식

문제는 드디어 도버 해협 저편 영국으로 건너가 물리학자 레일리 경이 손을 대었다. 레일리 경은 검은 상자 속에 가득 찬

〈그림 6〉 레일리 경의 에너지 분배법칙

빛은 진동하는 파동의 모임이라는 정당한 해석으로부터 출발하여 풀어나갔다.

상자 속에서 진동하는 파동은 양측 면에서 마디를 만들므로 파는 한정된다. 파의 길이를 구분하면 각각 구획에 속하는 파의 수를 셀 수 있다. 그리고 그 파동에 같은 양의 에너지가 분배되었다고 하면 빛의 분포는 결정된다. 이렇게 하여 유도된 공식은 빈의 공식의 결점인 긴 파장을 가진 빛의 분포를 잘 설명하였다.

그러나 이것으로 당시의 정통파가 승리한 게 아니다. 레일리 경의 공식에도 큰 결정이 있었다. 상자 속에서 양단이 마디가 되는 파의 수는 긴 파의 구획에 속하는 것은 적지만 짧은 파의 구획에서는 짧은 파장을 가진 파가 얼마든지 존재한다. 하나하나의 파에 같은 양의 에너지를 분배하면 짧은 파가 차지하는 양은 막대하다. 즉 상자 속에 무한한 에너지가 있어야 했다. 무한한 에너지를 가진 상자란 있을 수 있을까?

이것은 분명히 사실과 달랐다. 그러므로 레일리의 공식은 빈의 공식과는 반대로 긴 파장을 가진 부분은 설명되지만 짧은 파장에 대해서는 처음부터 얘기가 안 되었다. 다시 말해 적색에 적합한 "적색 공식"이었다.

크리스마스에 양자의 문을 두들긴 사람

빈의 청색 공식과 레일리의 적색 공식에는 일장일단이 있었다. 청색 공식은 짧은 파장을 중심으로 하면 실험과 부합되는데 긴 파장의 빛이 너무 약해 실험과 맞지 않고, 또한 빛과 분자를 연결하는 기묘한 생각에 바탕을 두었다. 적색 공식은 파동 이론 상에서는 모순이 없지만 긴 파장 부분이 설명되는데 불과하였다. 어느 쪽에도 승리를 가져다주지 못했다. 그리하여 이야기는 다시 독일로 되돌아가 드디어 플랑크가 등장한다.—

B: 「양자론의 창시자라고 일컫는 사람이군. 독일에 가면 명실공히 플랑크 없이는 하루도 못산다는 느낌이 나지. 2마르크 화폐에 플랑크 얼굴이 새겨져 있으니 플랑크 없이는 못살지」

A: 「플랑크는 빈보다 나중에 알려졌지만 여섯 살 위였으므로 천재형 빈에 비하면 대기만성형이었어. 일찍 베를린 대학의 교수가 되었지. 그러나 그때까지 별 뚜렷한 업적이 없

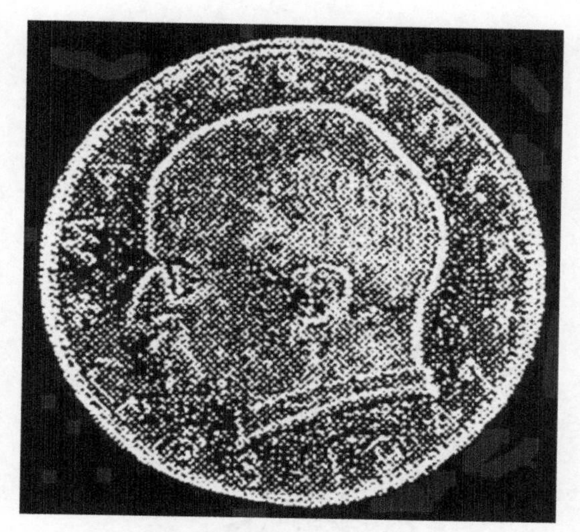

〈그림 7〉 플랑크의 얼굴이 들어 있는 2마르크 화폐

었네」

—20세기가 바야흐로 열리려는 1900년이 저물어 갈 무렵이었다. 베를린의 독일 물리학회는 크리스마스 파티를 겸하여 강연회를 열었다. 그 자리에서 플랑크는 중대한 발견을 발표하였다.—

A: 「실례되는 이야기지만, 자네가 여기저기에 빚이 있다고 하세. 그런데 뜻밖에 목돈이 생겨 빚을 갚으려고 생각하였네. 유감스럽게도 생긴 돈은 빚 전부를 갚기에는 부족하고, 아무도 덜 받으려고 하지 않는다면 어떻게 하면 될까?」

B: 「전부 갚지 않겠다면 답이 안 되니 갚는 방법을 생각해 보지. 작은 빚부터 정리하기 쉬우니 그것부터 갚고 큰 것은 미룰 수밖에 없겠군」

A: 「플랑크도 그렇게 생각했네」

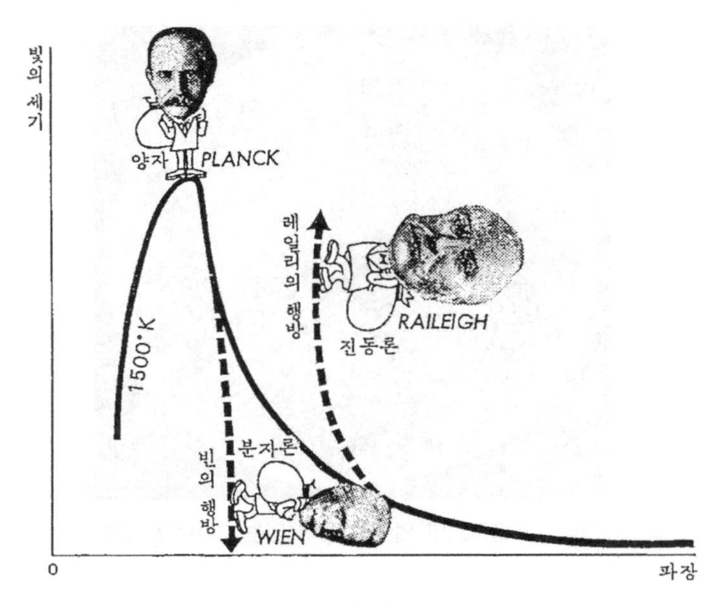

〈그림 8〉 플랑크의 복사공식

—물체 속의 에너지에는 한계가 있으므로 짧은 파장의 빛에게 가지고 있는 이상이 요구되면 거절하는 데는 어떻게 하면 되는가?—

플랑크는 이런 안을 냈다. 그는 레일리처럼 인심 좋게 무제한으로 에너지를 분배하지 않았다. 어떤 파장의 진동도 에너지를 분배받을 권리가 있지만 거기에는 제한이 있다. 각 진동은 진동수에 비례(파장에 반비례)하는 단위량의 에너지, 또는 그 정수배의 에너지밖에 주고받지 못한다고 생각하였다. 즉 그 단위량 이하의 에너지는 있어도 받을 수 없다.

이렇게 하면 분배를 많이 요구해도 원금이 적으므로 지불되지 못한다. 즉 빚을 진 쪽에서 말하면 큰 빚은 못 갚는다. 파

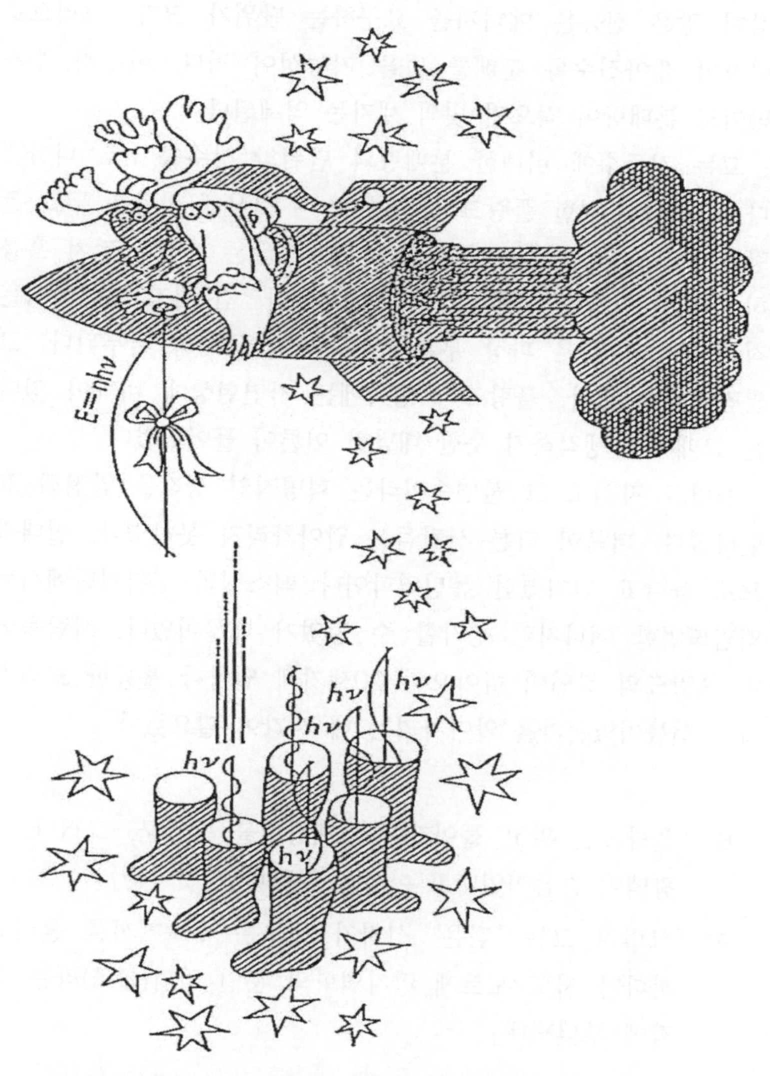

플랑크의 크리스마스 선물이 20세기에 얼마나 훌륭한 선물이
었는지 아무도 알아차리지 못하였다

장이 짧은 진동은 에너지를 요구하는 단위가 크다. 그러므로 파장이 짧아질수록 분배를 받을 가능성이 적다. 아무리 수가 많아도 분배량이 적으면 빛의 세기는 억제된다.

그는 진동수에 비례한 분배량의 단위의 상수를 h로 나타냈다. 이것이 유명한 플랑크 상수이다. 이 착상에 바탕을 두고 플랑크가 유도한 공식은 긴 파장으로부터 짧은 파장에 걸쳐 훌륭히 "검은" 상자의 실험결과를 설명하였다. 긴 파장 부분에서는 적색 공식과 짧은 파장 부분에서는 청색 공식과 결부된다. 그뿐만이 아니었다. 플랑크의 생각에는 자연현상에 비약이 있다는 그때까지 생각하지 못한 대담한 이론이 들어있었다.

플랑크 자신도 그 불연속이라는 혁명적인 생각을 얌전히 표현하였다. 더욱이 다른 사람들은 알아차리지 못하였다. 절대적으로 옳다고 믿어졌던 뉴턴역학이나 맥스웰의 전자기학에서는 띄엄띄엄한 에너지란 생각할 수 없었기 때문이었다. 사람들이 이 플랑크의 강연이 밝아오는 20세기에 얼마나 훌륭한 크리스마스 선물이었는가를 알아차리는 데 시간이 필요했다.

B: 「플랑크는 파고 들어가다가 대광맥을 만났군. 그러나 그 광맥이 순금이었다고 아무도 몰랐다는 것이군」

A: 「그렇지 그는 "검은" 상자가 내놓은 수수께끼를 풀려고 하다가 저도 모르게 양자역학의 문인 양자(量子)라는 생각에 부딪쳤네」

2. 빛은 입자이다

빛에 충돌되는 전자

A:「TV가 발달해서 가정에 즐거움이 늘었지. 시청자는 안방에서 한가하게 보겠지만 TV 스튜디오에서는 보통일이 아니라더군」

B:「스튜디오에 가면 전선의 굵은 파이프가 몇 개씩이나 뱀처럼 배선되었어. 배우도 도란(주로 배우들이 무대 화장용으로 쓰는 기름기 있는 분의 하나)을 두껍게 바르고 상당히 강력한 빛 속에 연기해야 하므로 여름에는 대단하지. 땀을 많이 흘리면서 추운 겨울 장면을 연출하지. 왜 그렇게 강한 빛이 필요한가?」

A:「스튜디오에서는 충분한 빛을 비춰서 그것을 전류로 바꾸지. 이 기계를 촬상관이라 하지만 현재 사용되는 아이코노스코프라든가, 이미지오르디콘이라 불리는 최신기기가 나왔으므로 예전처럼 강한 빛이 아니라도 좋은 화상이 얻어지네.

어쨌든 빛을 금속면에 대면 전자가 튀어나오는 현상을 이용하는데 변함이 없네. 이 현상을 광전효과(光電效果)라고 말하는데, 1889년에 레나르트에 의해 발견되었어. 광전관의 형태로 만든 것은 엘스테르와 가이텔이라는 두 중학교 교사지만.

TV는 발명 당시는 광전판을 이용하였으므로 타는 듯한 뜨거운 빛을 비춰야 화상을 보낼 수 있었어.

이 광전효과는 두 가지 특징이 있지. 첫째는 일정한 주파수의 빛을 대면 나오는 전자 에너지는 변하지 않지만, 빛의 강약에 따라 전자수가 변하거든. 둘째는 어느 일정한 진동수 이하의 빛을 아무리 강하게 비춰도 전자는 튀어나오지 않지만 그 이상의 빛을 대면 진동수에 따라 튀어나오는 전자 에너지는 증가한다는 거야.

따라서 튀어나온 전자를 포착하여 충분한 전류를 얻으려면 어느 일정한 진동수 이상의 빛의 양을 크게 하든가, 진동수가 큰 빛을 대야 해. 나중 경우는 그렇게 간단하지 않으므로 빛을 충분히 비춰서 튀어나오는 전자의 수를 늘려야 하지만」

B:「빛의 양이 충분히 필요하다는 것은 알겠는데, 개량된 촬상관이 이전보다 약한 빛이라도 되는 이치는…」

A:「얘기가 옆길로 나가지만 튀어나간 전자를 구태여 그대로 전류로 사용하지 않아도 돼. 훨씬 약한 빛으로 사용하기 위해서는 일단 튀어나온 전자로 다른 금속을 때려서 2차적인 전자를 튀어나게 하는 현상을 이용하지. 전압을 적당히 걸어두면 때리는 전자보다 많은 2차적 전자가 튀어나오므로 증폭되고 이것으로 밝기의 강도가 100배 이상 증가되네」

B:「그렇군. 빛이 전자를 튀어나가게 하고, 전자가 전자를 튀어가게 하고, 그리고 끝으로 가정의 TV 브라운관에서 전자가 빛을 내게 하는군. 빛도 전자도 아주 비슷하게 이용되고 있군」

A:「그렇지. 바로 여기서 얘기하려는 문제일세」

빛은 해일 수 있다

이야기를 앞으로 되돌리자. 플랑크의 선물을 받은 20세기가 시작되었지만, 처음 몇 년은 아무 일도 일어나지 않았다. 그가 울린 자명종의 벨소리를 듣지 못하고 많은 물리학자는 잠자고 있었다. 처음에 벨소리를 들은 사람은 베른 특허국의 청년기사 아인슈타인이었다. 그는 빛이 전자를 튀어나가게 하는 광전효과를 눈여겨봤다.

광전효과를 이해하는 데 하나밖에 없다. 빛이 파동이라는 종래의 생각에서 벗어나 빛도 전자와 마찬가지로 일정한 에너지를 갖고 있으며 하나 둘 헤일 수 있는 것, 즉 입자라고 생각해야 한다.

물질 속의 전자는 간단하게 튀어나가지 못하도록 묶여 있다. 구슬이 고무줄로 매어져 한끝이 못에 묶인 것과 같다. 고무줄을 끊고 구슬을 꺼내려면 에너지가 필요하다. 진동수가 작은 빛의 입자는 가지고 있는 에너지도 적기 때문에 전자가 이것을 흡수해도 튀어나갈 만한 힘이 없다. 어느 진동수 이하의 빛은 전자가 튀어나가지 못한다. 세기(빛 입자의 많음)에 관계없이 전자가 나가지 않는 것은 전자가 1개의 빛의 입자밖에 흡수하지 않는 증거이다. 그러나 진동수가 큰 빛의 입자는 전자를 해방하는 데 충분한 에너지를 가지고 있다. 빛을 흡수한 전자는 그 에너지의 일부를 해방하기 위해 쓰고도 여분이 있으면 그만큼 격렬하게 튀어나간다.

아인슈타인은 당구공 같은 동작을 하는 이 빛의 성질을 알고 광량자(光量子)라는 이름을 붙였다. 광량자는 에너지 입자이다. 빛이 입자라는 표현 방식은 오래된 뉴턴학설의 재탕같이 생각

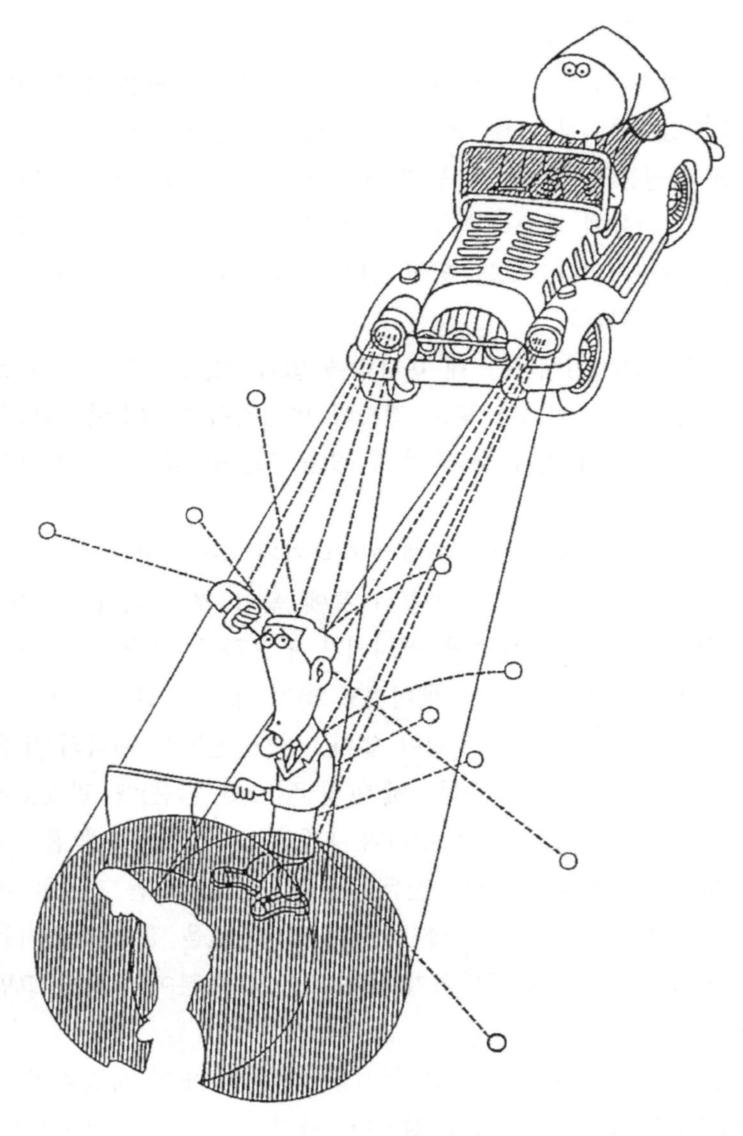

빛은 입자이다

된다. 그러나 뉴턴 이론에서 빛은 철저하게 역학에 따르는 질점(물체의 크기를 무시하고 질량이 모여 있다고 보는 점)같은 입자였다. 그러나 아인슈타인이 생각한 입자는 빛의 진동수에 비례한 에너지 입자여서 그의 이론이 아니고는 나타내지 못한다.

플랑크 공식을 몰랐던 아인슈타인

B: 「플랑크와 아인슈타인과의 관계는 어땠는가? 플랑크의 학설을 아인슈타인이 보강하였다는 느낌이 드는데」

A: 「결국 그렇게 되지만, 역사를 되돌아보면 재미있네. 먼저 아인슈타인은 플랑크의 에너지 불연속이론을 몰랐다고 하네. 또 플랑크는 아인슈타인의 광량자설을 인정하려 하지 않았어. 플랑크는 자신의 이론을 끝까지 낡은 이론과 조화시키려고 노력하였으므로 아인슈타인처럼 앞으로 진전하지 못했지. 플랑크처럼 철저하게 낡은 이론을 믿으면서도 새로운 이론을 생각해냈다는 것이 재미있지」

—빛이 광량자라는 이론에 따르면 플랑크 공식의 의미가 밝혀진다. 검은 상자 속에서는 여러 가지 진동이 어떤 단위의 정수배의 에너지를 드나들게 한다는 플랑크의 이론은 진동을 광량자의 집합으로 바꿔 설명할 수 있다. 가열된 검은 상자의 벽 속의 전자는 온도에 따라 상자 속으로 광량자를 드나들게 한다. 상자 내부에는 광량자가 언제나 그것과 증감의 수지가 균형 되는 수만큼 있다. 이 균형이 성립됨으로써 광량자 수의 분포는 결정된다. 이것에 에너지를 진동수에 비례하여 분배하면 플랑크의 공식이 간단하게 얻어진다.

이 방법은 빈이 청색 공식을 유도한 것과 아주 닮았다. 그도 그럴 것이 빈은 빛을 분자 같이 생각하였는데 아인슈타인도 빛을 입자라고 생각하였기 때문이다.

빛의 분자설에서는 분자마다 제멋대로의 에너지 값을 생각하였는데, 광량자설에서는 에너지는 광량자의 개수에 대응한 정수배밖에 허용되지 않는다는 차이가 있다. 에너지가 같은 것을 비교하면 진동수가 커지면 광량자의 단위도 커지므로 거의 빈의 빛의 분자와 1개의 광량자가 대응된다. 그러므로 진동수가 큰 푸른 빛 부분에서는 빈의 식의 답도 플랑크의 식의 답도 같아진다. 그런데 진동수가 작은 경우는 광량자의 단위가 작기 때문에 빛의 분자에 많은 광량자가 대응된다. 그래서 빈의 식과 플랑크의 식은 차이가 난다.

또 진동수가 작아지면 빛이 에너지 입자라는 생각도 뚜렷한 특징을 나타내지 않는다. 빛이 들어가고 나감은 연속된 에너지가 들어가고 나가는 것과 거의 다름이 없다. 그러므로 이 부분에서는 빛을 파동이라고 생각하는 레일리의 적색 공식과 일치한다.

플랑크의 공식을 광량자로 생각해 보면 광량자의 이중 성격을 알게 된다. 높은 진동수에서는 광량자는 확실히 빈이 생각한 낡은 이미지의 분자 같은 입자와 마찬가지로 동작한다. 반대로 낮은 진동수에서는 레일리가 생각한 파동이라고 봐도 된다. 그럼 대체 이 파동이라고도 입자라고도 단언하지 못하는 광량자란 어떤 성격을 가졌는지 의문이 생긴다.—

B: 「결국 빛은 에너지 덩어리라고 귀착되는데, 그 나타내는

방식이 어떤 경우에는 입자가 되고, 다른 경우에는 파동이 되기도 하는 기묘한 것이군」

A: 「그렇지. 즉 입자이기도 하고 파동이기도 하다는 종래의 역학법칙이나 상식으로는 규정지을 수 없는 것이 나왔으므로 아무래도 그것을 규제하는 새로운 역학이 필요하게 된 걸세」

3. 원자라는 말의 해독

커피를 흐리게 하는 원자의 빛

B: 「한번 물어보려던 참이었는데 형광등이란 광원은 요즘은 어느 가정에서도 사용하지만 이 빛은 아무래도 좋지 않네. 백화점에서 양복을 골랐을 때 차분한 빛깔이라고 생각했던 것도 나중에 보면 이상하게 야한 빛깔인가 하면 커피는 구정물로 보이니 말일세」

A: 「불평이 많군. 형광등도 처음 나왔을 때에 비하면 상당히 개량되었으므로 자네 말같이 극단적이지 않네.

형광등은 유리관 내에 칠한 형광 도료를 자외선으로 빛나게 하지. 이 빛은 보통 전구처럼 보라색에서 적색까지 갖가지 색을 포함하는데 결점의 하나는 붉은 기가 모자라는 점일세. 그래 붉은 색을 내는 형광 도료를 칠함으로써 자연주광색(주광색: 조명에서 햇빛에 가까운 색)을 내는 형광등이 만들어졌네. 그런데 그래도 자연색과는 다르지.

형광등의 색이 특수한 것은 광원이 되는 수은가스가 특별한 가시광선을 내기 때문이네. 형광등 불빛을 프리즘으로 분리하면 균일한 색 가운데 보라, 파랑, 초록, 노랑의 4개의 선이 뚜렷이 드러나지. 이것은 수은이 내는 빛으로 색이 달라 보이는 원인이 되네. 빛을 파장에 따라 나눈 것을 빛의 스펙트럼이라 하는데 수은 가스는 이러한 선 스펙트럼을 가지고 있네」

B:「그렇다면 형광등도 전에 얘기한 카드뮴이나 크립톤과 같이 원자의 빛이 장난친다는 건가」

A:「그렇다네. 그래서 이번에는 원자가 내는 빛에 대해 얘기하겠네」

B:「그 빛을 실마리로 드디어 원자의 영역으로 들어가세. 양자라는 생각이 셜록 홈스 못지않게 수수께끼를 푸는가?」

A:「눈치가 빠르군. 그러나 플랑크의 에너지 양자든 아인슈타인의 광량자든 이 단계에서는 그렇게 생각하면 이치에 닿는다는 가설에 지나지 않네. 아직 양자가 어떤 것인가 정의되어 있지 않았네. 뉴턴 역학의 당당한 전당에 도전하기에는 아직 규모도 실력도 미치지 못했지. 앞으로 어떻게 이 싹이 뻗는지가 문제였지」

빛은 말이다

—뜨거운 기체에서 나오는 선 스펙트럼을 처음 발견한 것은 1752년의 옛날이었다. 멜빌은 알코올램프의 불꽃 속에 식염, 백반, 초석 등을 떨어뜨려 그 빛을 프리즘을 통하여 보았다. 그랬더니 황색 빛이 다른 빛보다 압도적으로 많았다. 나트륨의 D

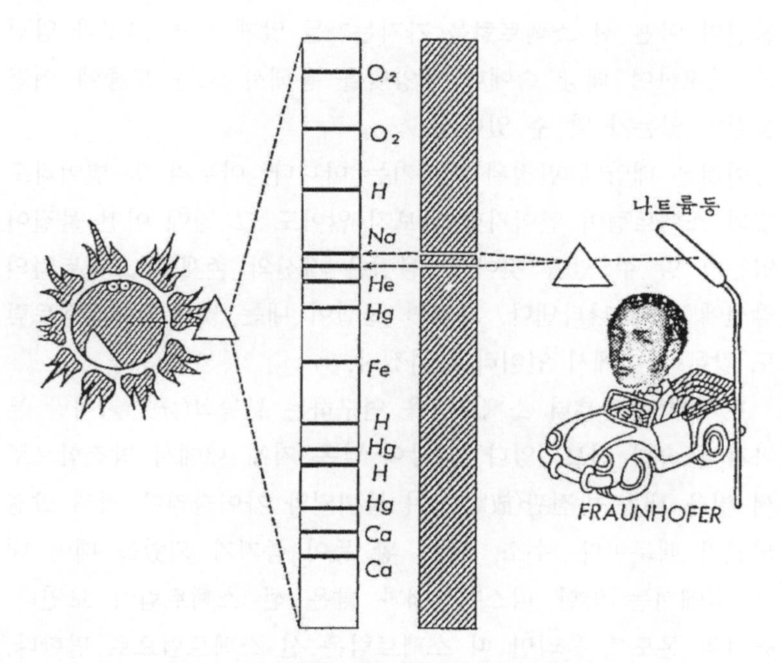

〈그림 9〉 프라운호퍼선과 나트륨 등

선이었다. 이 빛나는 황색에서 이웃 색으로의 변이는 급격하고 확실하게 스펙트럼 속에 선이 두드러졌다.

가난한 유리공 집안에서 태어나 아버지 일을 돕는 중에 프라운호퍼는 1개로 보이던 나트륨선이 실은 2개의 선임을 발견하였다. 이 선은 근소하게 어긋나 있기 때문에 렌즈의 굴절률을 조사하는 데 대단히 쓸모 있었다. 다음에 그는 이 D선을 보기 위한 광원으로서 태양 빛을 택했다. 그런데 보이는 것은 빛나는 선이 아니고 무수한 암선(暗線)이었다. 이 암선의 수수께끼가 나중에 키르히호프에 의해 풀린 이야기는 앞에서 얘기하였다.

암선은 그것을 흡수하는 물질이 있음을 의미한다. 여러 가지 물질이 어떤 선 스펙트럼을 가지는가를 알게 되면 그것과 암선과 비교하여 태양 속에나 태양빛을 통해서 오는 도중에 어떤 물질이 있는가 알 수 있다.

이것은 태양에 한정된 이야기는 아니다. 아무리 먼 별이라도 빛의 스펙트럼이 얻어지면 가보지 않아도 그 별에 어떤 물질이 있는가 알 수 있을 것이다. 물질은 자신의 존재를 스펙트럼의 암선에 의해 나타낸다. 그러면 물질이 내는 빛의 선 스펙트럼도 같은 의미에서 언어라고 하겠다.

19세기 중엽부터 스펙트럼을 연구하는 분광학(分光學)이란 분야가 급속히 진보되었다. 기압이 낮은 기체 내에서 방전함으로써 빛을 내는 방전관(放電管)이 플뤼커와 가이슬러에 의해 발견되었기 때문이다. 수소, 질소, 황 등이 증기가 되었을 때에 내는 빛에서는 약한 띠스펙트럼과 밝은 선 스펙트럼이 보인다. 증기의 온도를 올리면 띠 스펙트럼은 선 스펙트럼으로 변한다. 이것은 분자가 고온에서 원자로 분리되기 때문이라고 보면 선 스펙트럼은 원자가 내는 빛이며, 띠 스펙트럼은 분자가 내는 빛이라고 생각된다.

이리하여 많은 원자, 분자에 대하여 스펙트럼에 관한 지식이 쌓여졌다. 그러나 아무리 단어의 수를 늘려도 문법을 모르면 말뜻을 모른다. 그래서 원자의 언어를 발굴하려는 노력이 시작되었다.—

발머의 문법

B: 「인간의 언어를 분석하는 언어학이 겨우 형식을 갖춘 것은 19세기 후반이었지. 마침 물리학자가 원자의 언어를

찾기 시작한 시기와 일치되는 것은 재미있군.

발성된 음이 언어인가 아닌가는 일련의 음성과 의미 단편의 결합이 언어행동 속에 되풀이 되는가 어떤가에 있다고 한다면 원자 빛의 스펙트럼은 이른바 음성이나 의미 단편에 지나지 않지. 그러므로 언어 체계를 이루는 규칙성을 구하려 하는 것이군」

A:「원자의 언어라는 의인적인 표현이 좋은지 어떤지 오해받으면 곤란하지만 아무튼 인간이 원자에 접근하는 최초의 문제가 스펙트럼이었네. 그러므로 빛은 원자의 언어라고 해도 되겠지」

1884년 여학교의 교사를 하다가 환갑이 가까워진 발머는 수소의 스펙트럼 속에 나타난 4개의 가시광선인 적, 청과 2개의 보라색 사이에 간단한 관계가 있음을 알아냈다.

4개의 빛의 파장비를 유리수로 나타내면, 9/5, 4/3, 25/21, 9/8이었다. 이것은 의미가 없는 수열같이 보였다. 그런데 두 번째와 네 번째의 분모와 분자에 4를 곱하면 사정이 달라졌다. 비는 9/5, 16/12, 25/21, 36/32이 되고, 각각 분수의 분자를 보면 3^2, 4^2, 5^2, 6^2가 된다. 분모는 각 분자에서 2^2를 뺀 수가 되지 않는가.

그는 이것은 무슨 뜻이 있다고 생각하고 확인하기 위해 이 방법으로 수열의 15번째까지 계산해 보았다. 그런데 그 결과는 측정된 모든 값과 놀랄 만큼 일치하였다. 확실히 원자의 언어에도 체계가 있었다.

발머의 수열은 그것만으로도 훌륭하였지만 이것을 다시 류드베리가 정리하였다. 파장 대신에 진동수의 비를 만들면 수열의 각항은 두 수의 차가 된다. 2^2의 역수에서 적은 3^2, 청은 4^2, 2개의 보라는 각각 5^2와 6^2의 역수를 뺀 아름다운 수열이 되었다. 그리고 머리가 되는 2^2의 정수를 바꾸기만 하면 수열은 수소의 다른 계열의 스펙트럼에도 정수보다 근소하게 어긋난 수를 쓰면 그 외의 원자의 스펙트럼에도 사용될 수 있다는 것이 알려졌다. 이리하여 수소의 스펙트럼 예는 발머 계열 외에도 새로운 계열인 라이먼 계열(1906), 파셴 계열(1908), 브래킷 계열(1922), 푼트 계열(1924) 등이 차례차례 발견되었다.

이 공식 덕분에 수소만이 아니라 모든 원자 스펙트럼에 대한 중요한 특징이 드러났다. 그것은 선스펙트럼에 관계되는 중요한 양은 진동수이며, 진동수는 반드시 2개항의 차로 표시된다. 두 항은 각각 적당한 정수를 써서 표시되므로 스펙트럼선에 대응된 진동수는 모두 2개의 정수로 지정되는 양이 되는 것이다.

이것은 이미 알고 있는 스펙트럼선으로부터 새로운 선을 예언하는데 이용된다. 어떤 진동수를 지정하는 두 정수 중 한 정수가 공통인 2개의 선이 있다고 하자. 각 진동수를 알면 그것을 더하거나 빼서 다른 쪽의 정수 2개로 표시되는 진동수의 선을 예상할 수 있다. 이 방법을 발견한 것은 리츠이다. 이것은 원자 언어의 문법이라 해도 될 것이다.—

A: 「가열된 물체의 에너지를 주고받음이 정수에 관계된다. 원자가 내는 빛의 진동수도 역시 2개의 정수를 써서 표시된다. 모두 이제까지 생각할 수 없었던 사실이었네. 이것은 둘 다 깊은 관계가 있어. 이 두 가지 발견이 서로 도와 원자 자체를 푸

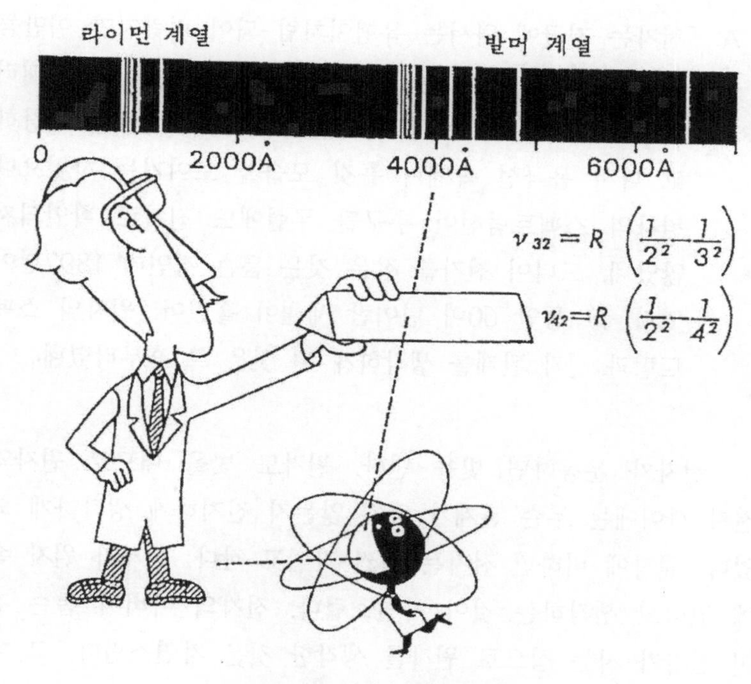

〈그림 10〉 수소원자의 언어

는 힌트가 되었고 양자역학으로 직결된 걸세」

4. h가 지배하는 세계

톰슨의 수박과 나가오카의 토성

B:「빛이 원자에서 나온다는 이야기인데 실은 빛을 내는 것은 전자 아닌가. 그런 점에 대해서 빛을 연구하던 사람들은 어떻게 생각하였는가?」

A: 「전자는 지금에 와서는 유행어처럼 되어 버렸지만 이만큼 시간과 노고를 거쳐 등장한 입자는 없네. 1833년에 패러디가 전기분해로부터 전기소량(電氣素量)의 존재를 제창하고 나서 음극선 속에서 흘깃 모습을 보이기는 하였으나 원자의 스펙트럼선이 추구될 무렵에도 진짜로 확인되지 않았네. 드디어 전자를 잡은 것은 톰슨 경인데 1897년이었지. 그 동안 60여 년이란 세월이 흘렀어. 원자의 스펙트럼과 전자 관계를 생각하게 된 것은 그 후부터였네」

—전자가 운동하면 빛을 낸다. 원자도 빛을 내므로 원자와 전자 사이에는 무슨 관계가 있지 않는지 진지하게 생각하게 되었다. 원자에 비하면 전자는 훨씬 가볍고 작다. 전자가 원자 속에 있다고 생각하는 것이 자연스럽다. 전자의 아버지 톰슨 경이 전자가 사는 집으로 원자를 생각한 것은 자연스럽다. 그 때문에 원자의 집주인의 지위까지 전자에게 주어버렸다. 그가 생각한 원자는 수박을 닮았다. 빨간 살은 정전기를 띠고 있고 그 속에 전자가 검은 씨처럼 들어 있었다.

진짜 수박과 톰슨의 모형이 조금 다른 점은 살도 씨도 전기를 띠고 있다는 것이었다. 이 씨는 서로 반발하고 살은 끌어당기므로 씨는 제멋대로 박힌 것이 아니라 균형된 위치로 배치된다. 이로부터 계산해보면 전자는 동심원(同心圓)상에 배열되고, 또한 각 원 위에는 한정된 수의 전자밖에 자리가 없다. 그는 이 모형으로 멘델레예프의 주기율표를 설명할 수 있지 않을까 생각했다.

원자 속의 전자를 동심원의 안쪽부터 채워 가면 마지막 원에

〈그림 11〉 원자에 관한 톰슨 모형과 나가오카 모형

는 공석이 있기도 하고 없기도 하였다. 이 공석에 주목하면 여러 가지 다른 수의 전자를 가진 원자 간에 주기성이 나타나지 않을까 하는 것이 그의 주안점이었다.

그럼 그가 생각한 원자는 왜 앞에서 얘기한 선스펙트럼을 가진 빛을 내는가? 그는 원자 속의 전자가 외부로부터 여분의 에너지를 얻고 진동하기 때문이라고 생각하였다. 그런데 고생하여 아무리 계산해보아도 전자가 내는 빛은 선스펙트럼이 되지 않았다.

톰슨이 원자의 수박모형을 발표한 같은 해인 1904년에 이와 정반대가 되는 모형을 일본의 나가오카가 제안하였다. 그는 톰슨처럼 전자에 주인 자리를 주지 않았다. 원자의 주인은 중심에 있는 플러스의 전기를 띤 무거운 극이며, 전자는 그 주위를 원을 그리면서 돈다. 바로 토성과 그 고리를 생각하면 된다.

실제 나가오카는 맥스웰이 토성계를 다룬 수법을 쓰려고 하였다. 9개 있는 토성의 위성은 토성으로부터도 또 저희끼리도 만유인력으로 끌어당겨지기 때문에 완전한 원 궤도를 취하지 않고 원 궤도 주위에 작은 진동을 일으킨다. 위성을 전자로, 토성을 플러스극으로 바꿔놓자. 다른 점은 극으로부터는 전기적으로 끌리고 전자끼리 반발되는 점뿐이다. 전자가 원 궤도로부터 벗어나 진동하면 빛을 낸다. 원이 다르면 진동방식도 각각 달라진다. 그래서 각각 다른 일정한 진동에 따라 빛은 선스펙트럼이 될 것이라 하였다.—

원자에는 심이 있었는데

B: 「톰슨 수박모형의 장점은 원소의 주기율표를 설명할 수 있을 것 같다는 점이며, 결점은 빛의 선스펙트럼이 유도되지 않는 점이었고, 나가오카의 토성모형의 장점은 선스펙트럼은 설명되는 점이었고, 결점은 주기율표에 대해 손을 쓸 수 없다는 점이었다고 해도 되겠는가?」

A: 「원자구조를 만들 때의 목표가 달랐으므로 각각 목적을 달성했다고도 하겠지」

—원자가 무거운 심을 가졌다는 토성모형이 옳은가, 또는 전혀 심이 없는 수박모형이 진짜인가 조사하려고 생각한 것은 러더퍼드였다. 그러기 위해 빛을 써서는 결말이 나지 않는다. 원

자를 직접 때리는 수밖에 없었다.

그는 방사성 원소가 붕괴하여 여러 가지 방사선을 내는 현상을 연구하였으므로 알파선이 헬륨 이온입자임을 알고 있었다. 알파입자는 플러스의 전기를 가지고 있었으므로 이것을 원자에 충돌시키면 원자의 전기에 의해 진로가 휘어진다. 그 결과는 원자 속의 전기가 어떻게 분포되었는가에 좌우된다. 만일 플러스의 전기를 가진 무거운 심이 있다면 그 때문에 알파입자는 진로가 상당히 크게 휘어질 것이었다. 반대로 플러스의 전기가 수박의 살처럼 원자 전체에 흩어져 있다면 원자 속에 들어간 알파입자는 그다지 큰 영향을 받지 않고 튀어나올 것이다.

이렇게 생각한 러더퍼드는 방사성 원소로부터 나오는 알파입자의 다발을 여러 가지 금속의 얇은 박에 충돌시켜 여러 방향으로 튕겨나가는 입자수를 세어 보았다. 튕겨나가는 입자는 도중에 놓인 형광 스크린에 부딪쳐 번쩍 불꽃을 냈다. 이것을 현미경으로 보면서 수를 헤아렸다. 지금이라면 가이거 계수관과 전자회로로 답까지 타자되어 나오므로 커피를 마시면서도 셀 수 있는데 당시는 상당히 끈기와 노력이 필요한 작업이었다.

그 결과 그는 금속박을 뚫고 지나가는 알파입자의 진로가 상당히 크게 휘어지는 것을 확인하였다. 더 정확하게 말하면 태반의 알파입자는 처음 진로에 가까운 방향으로 진행하는데 그 중에서는 큰 각도로 휘어지는 것이 상당히 있었다.

이것은 은사 톰슨에게는 미안한 일이었지만 중심에 있는 극히 작은 영역에 플러스 전기가 집중하고 있다고 생각하지 않으면 설명되지 않았다. 확인하기 위해 원자의 중심 근처의 작은 부분에 플러스 전기를 가진 입자가 있다고 하고, 중심으로부터

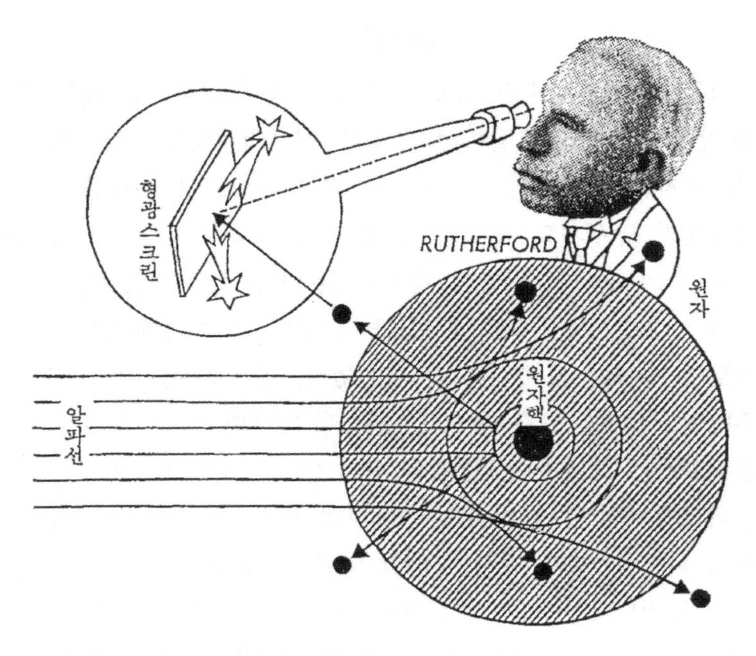

〈그림 12〉 러더퍼드의 원자핵 발견

여러 가지 거리를 통과하는 입자가 휘는 상태를 구하는 공식을 만들어 조사하였더니 실험과 아주 잘 일치하였다.

원자의 심은 원자의 거의 대부분의 질량을 갖고, 플러스 전기를 가진 것이었다. 그 크기는 원자에 비해 상당히 작았다. 그는 이것에 원자핵(原子核)이라 이름 붙였다. 원자는 무거운 원자핵과 그 주위를 도는 전자로 구성되었다는 모형이 탄생하였다. 1911년이었다.

후에 가이거와 마스딘이 밝혔지만 원자핵의 양전기량과 전자수는 모두 원자의 주기율표의 자리순인 원자번호와 같았다. 선스펙트럼은 복잡하였으므로 나가오카는 토성모형에 아주 많은 전자를 내세웠다. 그런데 수소원자는 복잡한 스펙트럼을 가지면서도 전자가 1개밖에 없다. 선스펙트럼이 나오는 이유는 나가오카가 생각한 것과는 달리 따로 있는 것 같다.—

광량자의 구원

A:「러더퍼드가 원자의 심을 생각한 것까지는 좋았는데, 실은 원자 전체의 딱딱함을 설명할 수 없었다네」

B:「원자핵 주위를 전자가 돌고 있으므로 원자의 딱딱함은 주위의 전자가 보증해 주는 것은 아닌가?」

—러더퍼드가 생각해낸 원자모형에는 설명할 수 없는 가설이 들어 있었다. 그것은 전자가 원자핵 주위를 원 궤도를 그리면서 회전한다는 점이었다. 전자는 마이너스의 전기를 띠고 운동한다. 전자가 이론에서 보면 원운동을 하기만 해도 빛을 낸다. 빛을 내면 그만큼 전자는 에너지를 상실하므로 전처럼 반지름의 원주 위를 회전할 수는 없다. 더 작은 원주로 변할 것이다. 이것이 되풀이되면 전자의 원의 반지름은 점점 줄어서 원자는 금방 원자핵 크기로 오므라들 것이다. 더욱이 전자는 큰 원으로부터 작은 원으로 연속적으로 이동한다고 생각되므로 방출하는 빛에 선스펙트럼이 생기지 않는다. 러더퍼드의 실험에서 확실히 전자는 원자핵 주위를 돌고 있고, 빛은 선스펙트럼으로 방출되는 데도 원자는 오므라들지 않는다.

러더퍼드 곁에서 원자모형이 완성되는 고생을 보아왔던 청년 보어는 어떻게든 이 위기를 스스로의 힘으로 구해보려고 결심하였다. 먼저 생각해야 하는 것은 전자가 운동해도 원 궤도가

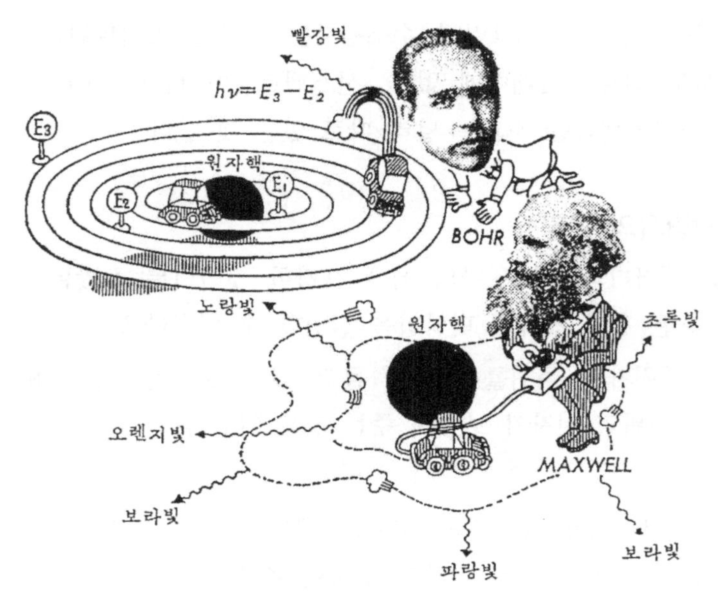

〈그림 13〉 보어의 원자이론

오므라들지 않는, 즉 빛을 내지 않아도 되는 탈출구가 있는지 없는가였다. 그런데 있었다. 아인슈타인의 광량자 이론이었다. 전자가 일정한 반지름으로 돌면 빛을 방출할지 모르나 빛을 에너지 입자로 내는 한 연속적으로 점차 반지름이 줄지는 않는다. 그러면 빛을 낸 즉시 전자 원 궤도의 반지름이 단계적으로 축소한다고 하면 어떤가? 이 반지름은 전자가 가진 에너지에 의해 결정되므로 전자는 빛을 내면 그 몫만큼 에너지를 잃게 되어 반지름이 축소된다. 이리하여 최후에 전자는 이 이상 광량자를 낼 수 없게 소모되어 최소의 반지름 원 궤도에 도달될 것이다. 이 원의 반지름이야말로 원자가 오므라들지 않게 형성되는 것이다.

다음은 빛의 선스펙트럼이다. 앞의 이론으로 보면 원자 내의 전자는 언제나 최소 반지름의 원 궤도에 있지 않다. 전자가 더 큰 반지름을 가진 원주 위를 회전할 가능성도 있다. 이 원의 반지름을 적당히 선정하면 각 원 궤도상의 전자가 가져야 할 에너지가 연속적이 아니고 단계적으로 결정된다. 그러면 원에서 원으로 전자가 이동할 때마다 빛이 나가고 들어오게 되므로 드나드는 광량자의 진동수는 당연히 단계적으로 제한되어 선스펙트럼이 된다.

너무 길었던 논문

이리하여 보어는 두 가설을 세웠다. 먼저 전자는 여러 가지 반지름의 원 궤도를 회전한다고 하자. 그 궤도를 도는 한 빛은 방출되지 않는다. 전자가 이렇게 어느 원 궤도에서 도는 것을 바닥상태라고 부른다. 다음에 전자가 원에서 원으로 뛰어넘을 때 비로소 빛을 내든가 흡수한다고 생각한다. 전자는 광량자를 드나들게 하면서 비약한다.

기묘한 것 같지만 보어는 이 착상을 발표하기 조금 전에 비로소 발머의 공식을 알았다. 원주 위에 있는 전자 에너지는 원의 반지름에 반비례한다. 지금 최소의 원의 반지름을 단위로 하여 다른 원의 반지름을 그 정수의 제곱배가 되도록 취하면 전자 에너지는 정수의 제곱에 반비례한다. 다른 원 위의 전자 에너지의 차로서 방출되는 광량자의 에너지가 진동수에 비례하는 것을 상기하면 진동수는 어느 정수의 제곱에 반비례하는 것(전자가 어느 원 위에 있을 때)으로부터 다른 정수의 제곱에 반비례하는 것(전자가 다른 원 위에 옮겼을 때)을 뺀 형태가 될 것이다. 이것은 발머의 공식을 류드베리가 고쳐 쓴 것과 꼭 일치한다.

모두 잘 되었다. 많은 수소원자를 생각하면 전자는 어떤 원자에서는 세 번째 원에, 다른 원자에서는 네 번째 원이라는 식으로 각각 제멋대로의 원에 있다. 전자가 갑자기 두 번째 원으로 이동하면 세 번째에서 온 것은 적색, 네 번째에서 온 것은 황색, 다섯, 여섯 번째에서 온 것은 자색 빛을 낸다. 이것은 수소의 가시광선 스펙트럼이다.

보어는 자신을 가지고 논문을 작성하여 곧 러더퍼드에게 보냈다. 러더퍼드가 크게 기뻐할 줄 알았는데 원자모형을 먼저 제안한 이 스승은 한마디로 잘라 그 논문을 되돌려 보내왔다.

"자네 논문은 독일식이어서 너무 길어. 요즘은 이런 방식이 유행하지 않으니 3분의 1로 줄이게."

화가 난 보어는 영국으로 뛰어가서 드디어 러더퍼드를 납득시켰다. 1913년의 일이었다.

에너지는 계단을 뛰어넘는다

B:「바로 유명한 보어의 원자 구조론이군. 광량자 이론이 중요한 열쇠였다는 것은 알았네. 그러나 잘 모를 일이 두 가지 있네. 전자는 눈에 보이지 않지만 아무튼 물질이므로 갑자기 없어지지 않을 터인데, 어느 원 궤도를 돌다가 빛을 내자마자 다른 원으로 갑자기 나타나서 회전한다는 것은 좀 이해하기 어렵네. 아직 나는 양자역학적으로 생각할 수 없다는 건가?」

A: 「전자가 소멸하는가 아닌가하는 이야기는 나중에 하겠지만 거기까지 가는 동안에 자네 의문은 풀릴 걸세. 실은 보어의 논문이 발표되었을 무렵에도 많은 사람들이 자네와 같은 의문을 가졌다네. 그래서 두 원 사이에서 갑자기 뛰어넘는 것이 아니고 원과 원 사이에는 우리가 알아차리지 못하는 비밀의 샛길이 있어서 전자는 거기를 빠진다고 상상하였네. 실제로 그렇지는 않지만 운동은 연속적이라는 생각은 뿌리 깊은 것이었네」

B: 「다음 의문은 여러 가지 원이 있다는 점일세. 광량자가 에너지 덩어리라는 것은 알겠네. 그렇다면 광량자를 드나들게 하는 전자의 운동도 단계적으로 제한될 것이므로 띄엄띄엄한 반지름을 가진 원을 생각할 수 있다는 이치 아닌가. 그런데 실제 이런 원이 있을까?」

—원자 속에 여러 가지 반지름의 원 궤도가 있다는 보어의 이론을 직접 확인하려 한 것은 플랑크와 전파의 발견자 루돌프 헤르츠의 조카 구스타프 헤르츠였다.

반지름이 다른 원 궤도상에서 전자가 다른 에너지를 갖는다는 것은, 다시 말해 그 전자를 갖는 각각의 원자가 다른 에너지를 갖는다는 것이었다. 그러므로 원자가 띄엄띄엄한 에너지값을 취하는 사실이 확인되면 된다.

그들은 원자에 전자라는 탄환을 쏘아 넣어 다시 튕겨 오는 전자 에너지를 측정하기로 하였다. 밖으로부터 들어온 전자가 원자와 충돌하면 이 둘은 에너지를 주고받는다. 원자에 에너지를 준 전자는 처음보다 작은 에너지를 갖고 나온다. 그러나 원

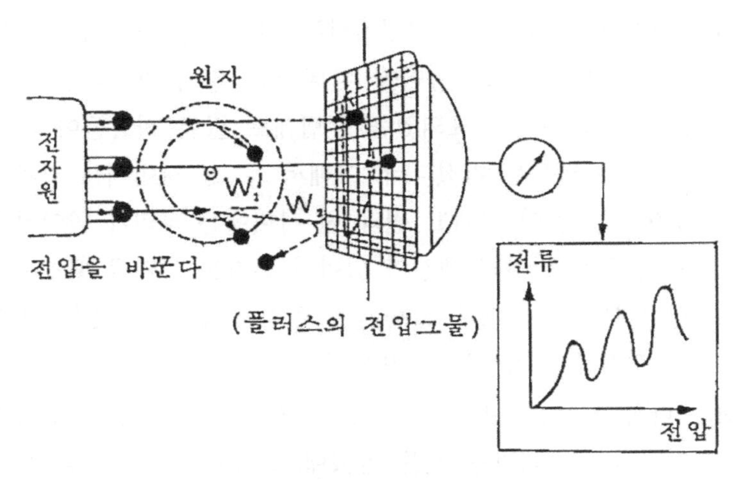

〈그림 14〉 플랑크와 헤르츠의 실험

자가 가질 수 있는 에너지가 불연속이라면 원자는 다음에 높은 에너지를 가진 원자가 되는데 필요한 에너지밖에 받지 않을 것이다. 에너지를 충분히 갖지 않는 전자는 원자로부터 에너지를 빼앗지 않고 원래대로 나온다. 충분한 에너지를 갖는 전자는 원자에게 에너지를 빼앗기고 비실비실 해서 나올 것이다. 그 전자가 잃은 에너지를 측정하여 그 값이 빛 스펙트럼으로부터 예상된 에너지 간격으로 되어 있으면 보어의 이론은 옳다. 결과는 훌륭히 적중하였다. 스펙트럼으로부터 예상한대로 간격을 두고 전자는 에너지를 잃었다.

이렇게 하여 보어의 원 궤도 이론은 다시 말해 원자를 양자론으로 생각하는 것이 옳다는 것이 확인되었다. 그러나 정확하게 말하면 플랑크와 헤르츠의 실험으로 확인된 원자의 에너지 계단은 전자가 도는 원 궤도 자체를 발견한 것은 아니었다. 전자가 수소원자핵 주위를 원 궤도를 그린다는 가정에서만이 성립된다.

다시 보어는 원 궤도 위의 전자 에너지는 정수의 제곱에 반비례한다는 결론을 낼 수 있는 근거를 찾았다. 갖가지 원을 결부시키는 간단한 관계는 빛을 고려하지 않아도 가능한 것이었다.

그는 전자를 나타내는 양 가운데서 한 궤도로부터 다음 궤도로 같은 양씩 증가하는 것을 알아냈다. 그것은 전자의 운동량과 궤도의 길이의 곱, 즉 역학에서 나오는 작용이라는 양이었다. 궤도에서 궤도로 변화하는데 이 작용의 정수배로 일어난다. 그 양의 단위는 아인슈타인이 광량자의 에너지에 쓴 플랑크 상수와 일치한다. 결국 원자 속에서 전자가 여러 가지 원을 그리는 것은 전자의 작용이라는 양이 h를 단위로 하기 때문이었다.

작용이라는 생각을 바탕으로 수소원자를 다시 보면 같은 에너지를 갖는 전자 궤도는 반드시 원이 아니고 타원이어도 상관없다. 그래서 조머펠트는 보어의 원과 같은 자격으로 타원을 끼워 넣었다. 가장 작은 에너지에 대응한 첫째 원을 제외하고는, 둘째 원에는 3개의 타원이, 셋째 원에는 8개의 타원이 추가되었다.—

B:「보어의 원자는 마치 태양계(太陽系)처럼 간단했는데 이번에는 상당히 복잡해졌군」

A:「복잡하게 되긴 했지만 여러 가지 관측 사실을 더욱 잘 설명하게 되었지. 그래서 태양계를 닮은 모습은 없어졌네. 전자가 하나하나의 궤도, 원이든 타원 사이를 뛰어넘는다는 표현은 그다지 뚜렷한 의의가 없어졌어. 결국 중요한 것은 플랑크와 헤르츠의 실험에 나타난 에너지에

계단이 있다는 점, 즉 전자가 바닥상태에 있다는 것만 이었네」

B:「원자의 모형은 처음에는 직관적으로 판단하였는데, 갖가지 성질을 파악하자 점차 직관에서 멀어져 갔군. 왜냐하면 원자를 지배하는 법칙은 플랑크의 h와 관계가 있고, 우리의 일상 법칙과는 동떨어졌기 때문이라는 건가」

A:「이야기가 막바지에 다가왔네. 양자역학의 완성이 일보직전에 있었네. 그런데 이것을 성큼 뛰어넘게 한 것은 드브로이였지. h의 개념이 우리의 일상 법칙과 달라 아주 기묘하게 보인다는 것이 더욱 확실해졌네」

5. 드디어 양자를 잡았다

낡은 물리학과의 작별

―1923년에 물리학의 역사상에서 낡은 이론과 결정적으로 작별을 고하는 두 가지 중요한 사건이 일어났다.

하나는 콤프턴에 의하여 아인슈타인의 광량자 가설을 결정적인 것으로 만든 실험이 실시되었다. 빛을 금속면에 비치면 전자가 나온다는 광전효과(光電效果)가 광량자 이론의 출발점이 되었는데, 비치는 빛의 진동수를 크게 해가면 어떤 일이 일어나는가를 콤프턴이 조사하였다. 그렇게 하자 전자 외에도 빛이 튀어나왔다. 그 빛은 처음에 비친 것과 같은지 어떤지 측정해 보았더니, 그렇지 않았다. 그중에는 에너지를 잃고 진동수가 작아진 빛이 있었다. 이것은 빛을 에너지 덩어리라고만 생각해서는 해결되지 않고 전자와 마찬가지로 운동량이라는 성질까지 생각해야 설명된다. 빛을 전자 같은 입자라고 생각하고 이 둘이 당구와 비슷한 충돌을 하였다고 생각하면 된다.

그런데 두 번째 사건은 이와 정반대되는 것이었다. 전자는 파동이라고 드브로이 공작이 들고 나선 것이다.

보어가 말한 원자 속의 원 궤도 반지름은 정수의 제곱에 비례하였다. 그 이유는 무엇인가? 드브로이는 전자를 파동이라고 생각하면 간단하게 설명된다고 하였다. 전자를 파동이라고 다시 생각하여 원 궤도를 파동 무늬로 바꿔 놓아보자. 파동이 원주 위의 한 점에서 출발하되 이 점을 마디라고 하고 진동하면서 일주하여, 출발점에서 다시 마디가 되기 위해서는 파장을 잘 조정해야 한다. 그러기 위해서는 원주의 길이를 파장으로 나눈 값이 1, 2, 3…이라는 정수일 것이 필요하다. 그러므로 거꾸로 말하면 물질파의 파장을 결정하면 1파장으로 도는 원, 2파장으로 도는 원…같은 원이 만들어진다. 지금 전자의 운동량(질량×속도)이 파장에 반비례한다고 하자. 그렇다면 운동량의 제곱은 궤도 반지름에 반비례하는 행성(行星)에 적용되는 법칙으로부터 궤도 반지름이 파장의 제곱에 비례한다는 결과가 나온다. 파장은 원마다 정수배가 되어 있으므로 궤도 반지름이 정수의 제곱에 비례하는 보어의 결론이 나온다.—

B: 「옛날 그리스에서는 자연의 아름다움은 정수로 표현된다는 생각이 있었지. 그 증거로는 아름다운 음을 내는 현의 파동이 정수배의 파장을 가진다는 것이었어. 정수라는 것을 생각하는 지름길이 파동이라고 생각해야 한다는 게 드

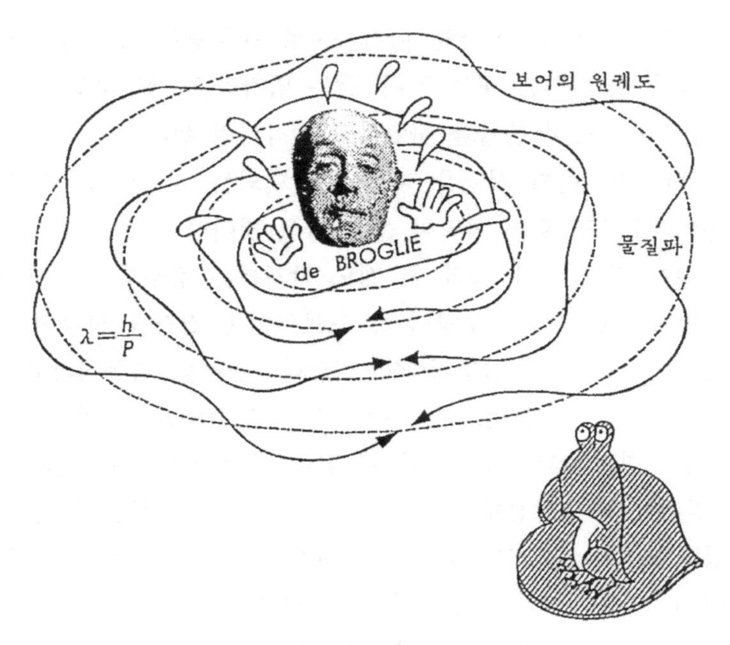

〈그림 15〉 드브로이의 물질파

브로이의 출발점이었는가?」

A: 「아마 그랬을 걸세. 재미있는 얘기가 있지. 드브로이는 젊었을 때 1차 세계대전에 종군하였어. 기상 관측대에 소속되었기 때문에 매일 날씨만 쳐다보았대. 그러는 중에 날씨를 알아내는 데는 개구리를 보는 것이 제일이라 알아차리고 전쟁 중에는 죽 개구리만 보고 지냈다고 하네. 개구리가 물에 뛰어드는 파문을 보고 물질파의 암시를 받았다고 하면 어떻게 생각하는가?」

B: 「즉 빛이 파동과 입자의 두 가지 성질을 보이는 것이 실험적으로 확인되었으며 이번에는 입자라고 생각되던 전자

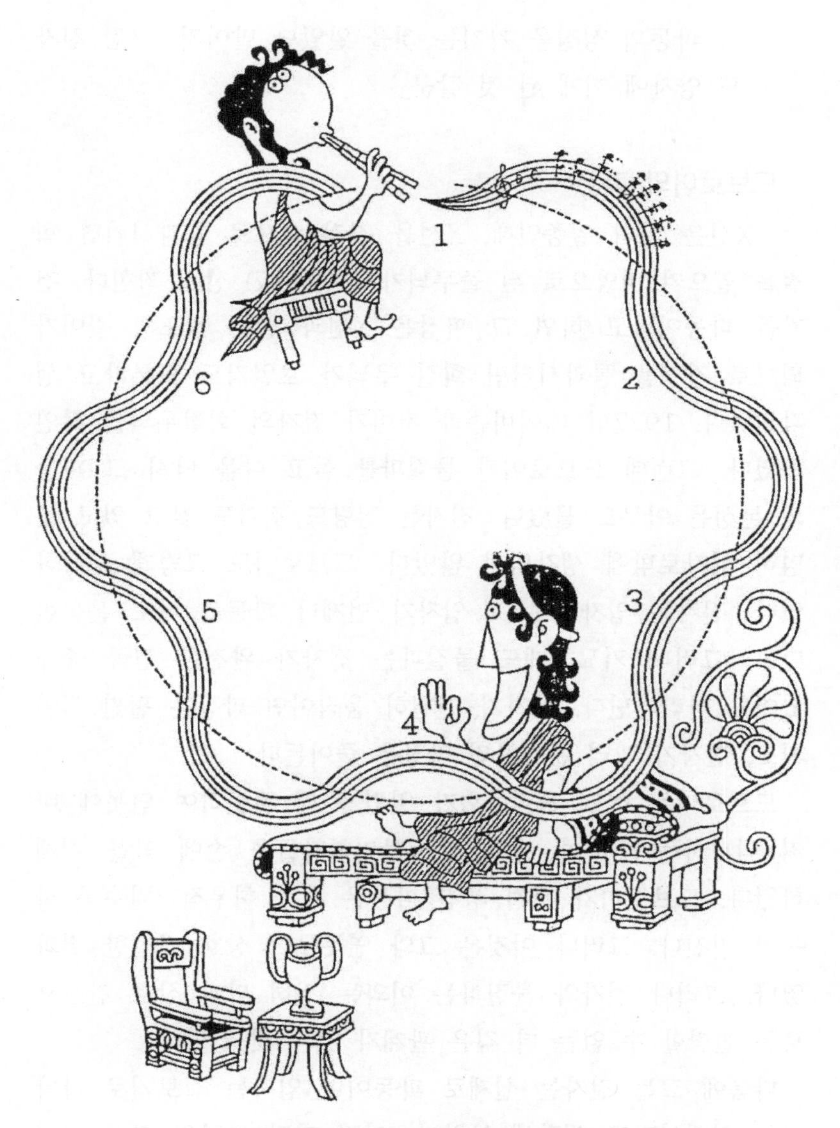

자연의 아름다움은 정수로 표현된다

가 파동의 성질을 가지는 것을 알았단 말이지. 그럼 전자도 양자에 끼게 된 것 같군」

드브로이의 파문

—X선은 빛의 일종인데, X선을 결정 속으로 통과시키면 회절을 일으켜 명암으로 된 줄무늬가 건판(乾板) 상에 찍힌다. 전자를 파동이라고 하면 그 파장은 X선과 같은 정도의 길이가 되므로 결정을 통과시키면 회절 무늬가 보일지도 모른다고 생각되었다. 1927년 데이비슨과 저머가 전자의 회절무늬를 확인하였다. 그런데 드브로이가 물질파를 들고 나올 당시 그 파동의 본성은 아무도 몰랐다. 전자는 질량도 전기도 갖고 있고 분명히 입자로밖에 생각되지 않았다. 드브로이도 그렇게 생각하였다. 전자는 입자인데 그 입자가 언제나 파동을 타고 운동한다고. 그러나 기묘하게도 물질파는 전자가 완전한 진공 중에 있어도 따라다닌다. 전자가 천천히 움직이면 파장은 훨씬 길어지고, 전자가 빨리 운동하면 파장은 줄어든다.

드브로이는 어느 물리학회가 열렸을 때 잘못하여 연못에 빠져 익사하는가 하여, 심술궂은 물리학자들을 손에 땀을 쥐게 하였다. 드브로이가 빠져 생긴 파동은 그가 허우적거릴수록 파동이 커진다. 그러나 이것은 그와 연못물이 상호 간섭한 결과였다. 그러나 전자와 물질파는 이와는 전혀 달라 상호 간섭으로는 설명할 수 없는 더 깊은 관계가 있는 것 같았다.

다음에 그는 전자는 실제로 파동이며 입자는 겉보기로 나타나는 성질이라고 생각해 보았다. 여러 가지 파장의 파를 겹쳐 가면 진폭이 공간의 일부분에서만 커지고 다른 데서는 거의 영이 되게 할 수 있었다. 이것을 파속(波束)이라 하는데 겉보기에는 마치 입자처럼 운동한다. 전자는 이 파속이 아닌가 하였다. 그런데 파속은 그것을 만드는 하나하나의 파가 섬세하게 관련된 결과이기 때문에 미소한 시간 안에 자꾸 퍼져버린다. 입자로서의 전자는 시간이 지나도 퍼지지 않으므로 이것도 올바른 답이 아니었다.

양자를 유도하는 아름다운 수식

이렇게 물질파는 본성이 밝혀지지 않은 채 있다가 수년 후에 슈뢰딩거에 의해 아름다운 수식이 주어졌다. 물질파는 슈뢰딩거 방정식이라 불리는 수식에 의해 그 운동이 정의되었다.

이 방정식을 쓰면 수소원자뿐만 아니라 더 복잡한 원자의 전자에 대해서도 답이 나왔다. 그 방법은 얼핏 보기에 낡은 물리학과 아주 비슷하였으므로 많은 사람들이 납득하였다. 그러나 방정식을 풀면 나오는 답의 의미는 물질파가 어떤 것인가 모르는 동안에는 정말 밝혀졌다고 말할 수 없었다.—

B:「수식에 약하므로 뭐가 어떻게 되었는지는 모르겠지만 드브로이가 한 물질파 해석은 틀렸고, 물질파의 본성이 밝혀지지 않은 채 슈뢰딩거의 방정식이 태어났다는 거로군. 뭔지 모르는데도 방정식을 푸니까 답이 나와 뭔지 알게 되었다니 좀 이상하지 않은가?」

A:「내가 설명이 서툴렀던 모양이야. 플랑크와 헤르츠의 실험에 대한 얘기였지. 그것은 원자가 에너지에 대해 어떤 단계적인 값을 취하는가를 보인 것이다. 이 결과는 보어

의 원만으로서도, 또 타원까지 생각해도 드브로이 파로부터도 나왔지. 즉 양자라는 열쇠만 있으면 원자 속이 어떻게 되어 있는지 몰라도 답이 나오네. 슈뢰딩거 방정식이 발견된 당시는 그렇게 받아들여졌네. 그럼 그것만으로 얘기가 끝나는가 하는 문제가 남지」

낡은 부대에 새 술

—이야기를 보어의 원자이론에 되돌리자. 보어의 가설에 의해 빛의 선스펙트럼을 설명하는 데 성공하였다고 말했지만 이 문제에 대해 완전히 끝장이 난 것은 아니었다. 그래도 많은 사람들이 전자가 궤도를 넘어 뛴다는 이론에 찬성하지 않는 이유가 있었다. 그것은 보어의 이론은 스펙트럼에 어느 파장의 빛이 있는가를 알려주었지만 그 빛이 얼마만한 세기로 비치는가에 대해서는 아무것도 알려주지 않았기 때문이었다. 그런데 오래된 맥스웰의 전자기이론은 빛의 밝기를 설명할 수 있다는 이점을 가지고 있었다.

새로운 이론은 결코 낡은 이론을 모조리 깨뜨려버리는 것은 아니다. 낡은 이론의 장점은 새 이론 속에서도 산다. 그러므로 낡은 이론의 장점을 발판으로 하여 새로운 것을 조립하여 낡은 이론의 결점을 보충하는 것이 정공법(正攻法)이다.

낡은 이론은 부대이며 새 이론은 원하는 술이다. 낡은 부대에 새 술을 담으려고 보어는 생각하였다.

원자에서 나오는 빛스펙트럼에 대해 낡은 이론은 연속되는 답을 그리고 새 이론은 불연속인 답을 주므로 이들 둘은 엇갈리는 것같이 보인다. 그러나 보어는 중대한 일을 알아차렸다.

원자 내의 원 궤도 위에서 전자 에너지는 정수의 제곱에 반비례한다. 이 때문에 원자 에너지는 계단 모양이 되는데 정수가 커지면 계단의 간격은 좁아진다. 큰 정수에 따른 원 궤도 위의 전자가 이웃 원 궤도로 옮겨가서 내는 빛은 어느 것이든 그다지 진동수가 다르지 않으므로 이 부분의 스펙트럼선은 밀접하여 거의 연속된 것 같이 보인다. 여기서는 새로운 이론과 낡은 이론의 답은 거의 같기 때문에 이 부분에서 두 이론을 연결하는 다리가 생긴다. 먼저 이 다리 건너 낡은 이론으로 스펙트럼의 밝기를 구하고, 다음에 다시 다리 이쪽의 새 이론으로 옮긴다. 이렇게 해두고 이 결론을 새 이론으로 문제가 되는 작은 정수까지 넓혀가면 새로운 이론으로 스펙트럼의 밝기를 구하는 방법을 찾아낼 수 있을 것이다.

보어의 이 추리는 아주 훌륭한 것이었다. 왜냐하면 새 이론을 만드는 재료는 모두 낡은 이론에서 표본을 찾을 수 있기 때문이다.

이 생각을 실행으로 옮기기 전에 또 하나 생각해 두어야 할 일이 있었다. 낡은 이론과 새 이론과는 전자에 의한 빛이 드나드는 메커니즘(사물의 작용 원리나 구조)이 달랐다. 낡은 이론에서는 전자가 궤도에서 운동하는 동안에 빛을 내는데, 새 이론에서는 궤도로부터 궤도로 옮겨 뛸 때만 빛을 낸다. 새로운 이론에서는 빛의 진동수로 알 수 있는 것 같이 모든 양이 전자가 건너뛰는 시작과 끝의 두 궤도와 관계된다. 즉 각각의 궤도를 나타내는 두 정수로 지정된 것이 된다. 이러한 양을 수학적으로 취급해가는 복잡한 방법은 하이젠베르크에 의해 완성되었다.

1926년 두 가지 전혀 다른 형의 이론이 발표되었다. 하나는 앞에서 말한 물질파 이론에 바탕을 둔 슈뢰딩거의 이론이고, 다른 하나는 하이젠베르크의 이론이었다.

세상 사람들은 놀랐다. 이 다른 형의 이론이 여러 가지 문제에 대해 똑같은 답이 나왔기 때문에 어느 쪽을 신용해야 할지 몰랐다. 물리학에서 익숙하지 않은 매트릭스(행렬)라는 수학의 수법을 쓴 하이젠베르크의 이론에 비하면 슈뢰딩거의 이론은 친숙한 것이었다. 그러나 물질파란 무엇인가?

이 두 이론, 즉 매트릭스 역학과 파동역학은 실은 같은 것임이 곧 알려졌다. 그리고 물질파의 의미도 밝혀졌다. 이리하여 인류는 에너지 양자, 광량자, 물질파 등 낡은 물리학으로는 알아낼 수 없었던 기묘한 성질을 설명하여, 이에 관한 새로운 역학 법칙을 찾아냈다. 뉴턴 역학이 태어나고 나서 대략 200년이 지날 즈음이었다. 확고한 양자역학이 여기에 탄생한 것이다.—

B: 「되돌아보면 먼저 가열된 물체의 빛으로부터 양자개념이 태어났고, 다음에 광전효과를 통해 광량자 이론이 생겼군. 문제는 원자가 내는 고유한 빛으로 옮기고, 원자모형에 관련하여 전자가 문제가 되었네. 여기서 줄거리는 둘로 나눠져, 한 편에서는 전자를 파고들었고, 다른 한 편에서는 다시 빛의 스펙트럼을 생각하여 양자역학의 뼈대가 된 두 이론이 태어났는데, 결국 그것들은 같은 것이었다는 거로군」

Ⅲ. 양자역학이 생각하는 것

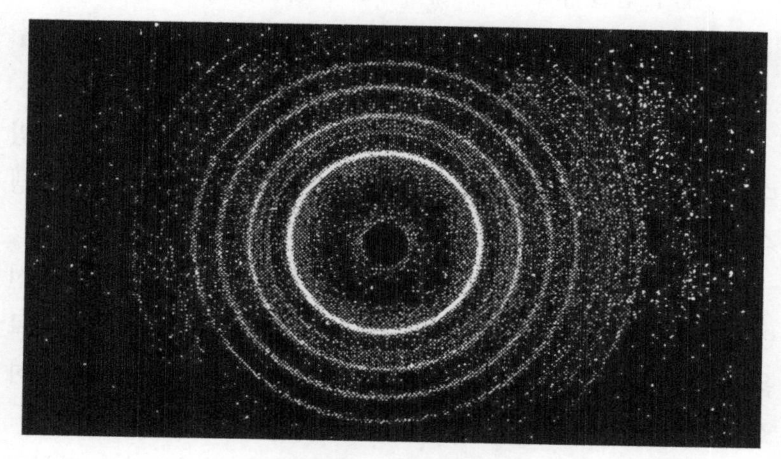

<전자가 그린 아름다운 무늬>

1. 입자가 왜 파동인가

파동은 불확정성이 나타난 것이다

B: 「지난번에는 양자역학이 태어나기까지의 얘기를 들었는데 모르는 데가 여러 가지 있었네. "빛은 파동, 전자는 입자"라는 오래된 생각이 양자라는 개념을 경계로 하여 빛은 입자이고 전자는 파동으로 뒤바뀐다고 분명히 말해 버리면 알기 쉽지만, 실은 그렇지도 않아 빛은 파동이기도 하고 입자이기도 하고, 전자도 입자이기도 하고 파동이기도 하다고 딱 잘라 말할 수 없는 것 같은 사정 같은데…」

A: 「확실히 물리학자들은 같은 것을 아침에는 "파동", 저녁에는 "입자"라고 생각하였네. 이런 상황 가운데서 양자역학이 만들어졌다고 해도 되겠네. 그러나 양자역학이라는 형태가 만들어지자 이 패러독스가 밝혀졌어. 오늘은 양자역학이 생각하는 바에 대해 순차로 문제를 제기해 보겠네」

—우리는 일상 상식에 따라 파동이나 입자의 행동을 알고 있다. 물의 파도에서 "파동"을, 자갈의 운동으로부터 "입자"를 생각한다.

확실히 전자는 톰슨 경이 전기장이나 자기장을 걸어 음극선이 휘는 것을 측정한 해도, 밀리컨이 기름 속의 전자를 상하로 운동시켜 전기량을 결정하였을 때도 입자라고 생각해도 무방하였다.

그러나 데이비슨과 저머가 찍은 물질파의 회절사진도 잘못이 없었다. 그럼 파동의 성질을 나타내는 이 사실을 전자를 입자

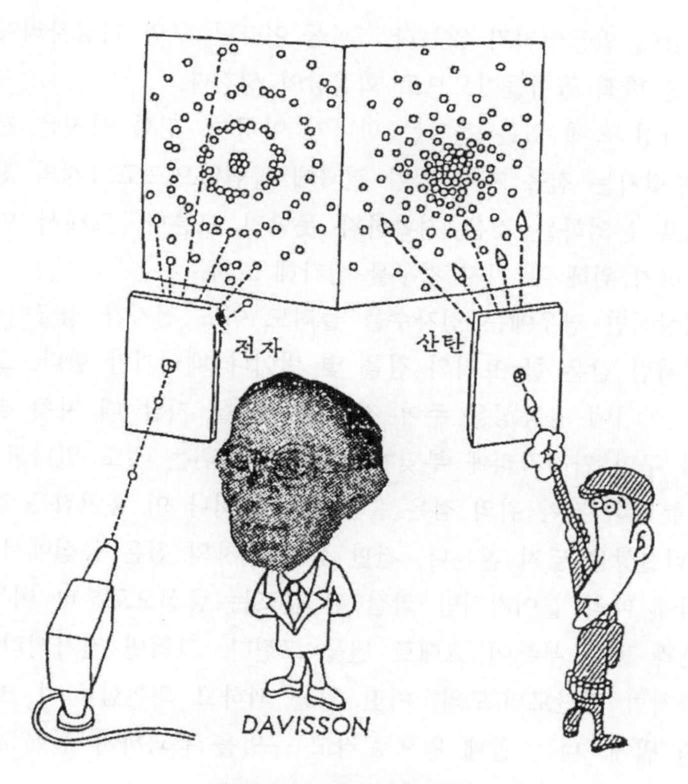

〈그림 16〉 물질파의 회절

로 보는 입장으로 설명할 수는 없을까. 답을 먼저 말하면, 그렇게 되지 않는다.

판자에 작은 구멍을 뚫고 여기에 전자선을 입사시키고 구멍 뒤에서 사진을 찍으면 회절상이 얻어진다. 그 때문에 전자도 빛과 마찬가지로 "파동"이라고 결론짓게 되는데, 좀 더 그 이유를 생각해 보자. 전자가 "입자"라면 날아온 전자는 구멍을 통과하여 뒤에 있는 건판 상의 한 점에 부딪쳐 상을 만들기 때문에 회절상이 만들어지지 않는다. “파동”이라면 구멍 가장자리에서 진로를 바꿔 돌아들어오므로 회절상이 생긴다.

전자선 속에 있는 전자는 하나가 아니다. 진짜 사진은 전자가 부딪치는 점을 자꾸 늘린 결과에 틀림없으므로 1개의 전자만으로 논의하는 것은 정확하지 못할지 모른다. 그래서 이에 대답하기 위해 두 가지 경우를 생각해 보자.

이상적인 경우에는 전자수를 늘려도 어느 전자가 명궁이 쏜 화살처럼 같은 한 표적의 점을 몇 번이나 때리기만 한다. 그러나 이야기에 융통성을 주어 전자가 구멍을 지날 때 자칫 잘못하여 구멍 가장자리에 부딪쳐 그 진로가 휘는 것도 있다고 하자. 분명히 건판 위의 점은 흩어진다. 그러나 이 흩어짐은 파동의 회절상을 닮지 않는다. 건판 상의 전자의 점은 중심에서 멀어짐에 따라 흩어지지만 회절 된 분포는 중심으로부터 어두운 부분과 밝은 부분이 교대로 원을 그린다. 그러면 전자끼리 사람들처럼 집단모의(모의: 어떤 일을 꾀하고 의논함)하여 ‘너는 첫째 원에, 너는 둘째 원으로’라고 구멍을 통과하기 전에 짜고 하는 것일까?

이 생각도 옳지 않다. 예컨대 집단 모의할 기회를 주지 않기 위해 전자선을 약하게 하여 1개의 전자가 건판에 닿을 때까지 다음 전자를 출발시키지 않도록 실험을 한다. 긴 시간을 두고 충분한 수의 전자가 닿을 때까지 기다렸다가 보면 역시 회절상이 된다. 전자 집단으로 상이 만들어졌는데도 불구하고 회절상을 만드는 성질은 전자 하나하나에 있다고 생각할 수밖에 없다.—

B: 「또 한 가지 경우가 있군. 전자들이 출발할 때에 미리 금속 속에서 의논하는 경우일세」

A: 「그럴 수는 없네. 전자는 구멍으로 들어갈 때까지는 구멍이 있는지 없는지, 또 구멍이 더 많은가 어떤가 알 턱이 없네. 실제 구멍이 둘이 있으면 아주 다른 상이 되는데 전자를 발생하는 장치와 구멍이 뚫린 벽은 아무 관계가 없네」

B: 「사진으로 찍힌 회절상은 1개의 전자로 만들어진 것이 아님은 알겠네. 그러나 전자가 1개라도 회절상을 만드는 성질, 즉 "파동"의 성질을 가지고 있다는 것은 실제로 눈에 보이는 현상과 어떻게 관련되는가?」

A: 「드브로이나 슈뢰딩거는 사진으로 찍은 회절상 자체가 물질파가 나타난 것이라 믿었지. 그 문제를 둘러싸고 그들과 물질파의 실체를 부정하는 하이젠베르크들의 심각한 논쟁이 일어났어. 그리고 결국 보른이 논쟁의 중재를 맡고 나섰지. 보른은 전자의 "파동"은 우리가 벗어날 수 없는 상식의 불확실성을 나타내는 것이라고 주장하였어」

위치와 속도는 동시에 확인되지 못한다

B: 「이상하군. 전자를 입자라 보고 건판 상에 상을 만드는 경우에, 만일 구멍의 어느 위치를 어떤 속도로 통과했는가를 측정하면 건판 상의 어디로 날아가는가를 알게 되고, 하나하나의 전자의 운동을 알 수 있지 않을까? 왜 확인할 수 없다는 건가? 실제로는 전자수가 많아서 전부 확인할 수 없을 것이므로 그렇게 말하겠지만 지금의 경우는

이론상의 문제 아닌가?」

A:「그렇지. 그래서 자네 질문에 대답하면서 왜 우리는 불확실성을 피할 수 없는지 얘기하지」

—사진에 찍힌 회절상의 점에 대해 거기에 상을 맺은 전자는 확실히 "입자"의 역학에 따라 구멍에서 튀어나온다. 이것을 역산(순서를 거꾸로 하여서 뒤쪽에서 앞쪽으로 거슬러 계산하는 일)하면 구멍을 통과한 때의 전자의 위치도 속도도 확인할 수 있다. 그러나 역산해서 그렇게 된다는 것뿐이며, 정말 그렇게 전자가 운동하였는가 어떤가는 현장을 보지 않으면 모른다. 소매치기 현장을 덮치는 것과 비슷하다. 그래서 실제 구멍을 통과할 때의 위치와 속도를 잡아서 건판 상에서 어떻게 되는가를 예측해봐야 한다.

구멍 부근에서 전자의 위치와 속도를 측정하는데 어떻게 하면 되는가? 전자는 구멍의 어딘가를 확실히 빠져 나간다. 더 정확하게 하기 위해서는 구멍을 자꾸 좁혀 가면 될 것이다. 이렇게 하면 위치는 원하는 대로 정확하게 측정된다.

그런데 구멍을 작게 하면 전자가 구멍의 가장자리에 부딪치기 쉬워진다. 벽에 부딪치면 전자의 운동량의 일부가 벽으로 가게 되므로 전자 속도는 변한다. 그리고 벽은 고정되어 있으므로 어느 정도 전자의 운동량이 변하는가, 벽의 움직임으로는 알 수 없다. 구멍을 작게 하여 위치를 정확하게 하기 위해서는 속도의 정확성이 희생된다.

그러면 벽을 움직이게 하여 전자로부터 벽이 받아들인 운동량을 측정하여 전자의 속도를 측정하는 장치를 개량하면 어떻

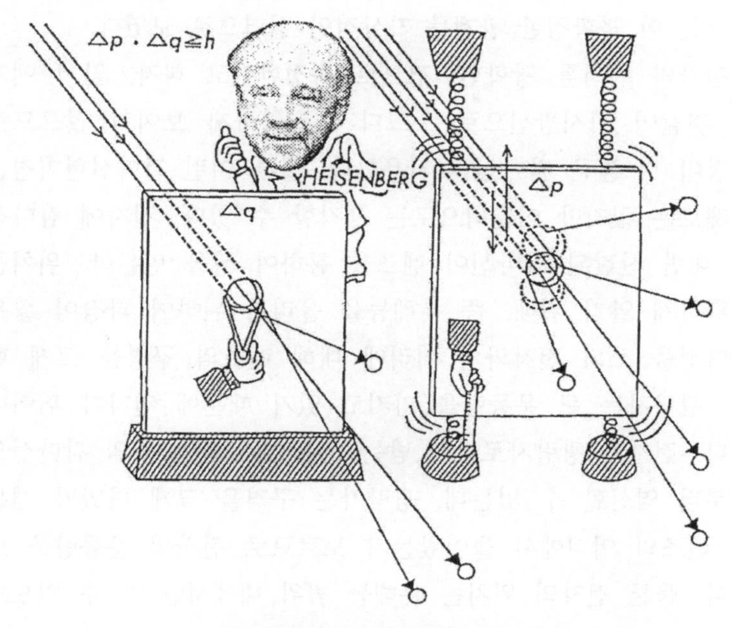

〈그림 17〉 하이젠베르크의 불확정성원리

게 되는가? 확실히 운동량으로부터 속도는 구해진다. 그러나 벽이 움직일 때마다 구멍도 움직이기 때문에 전자가 통과한 위치를 모르게 된다. 전자속도를 정확하게 하였기 때문에 이번에는 위치가 불확정하게 되었다.

결국 구멍 부근의 전자의 위치와 속도의 지식을 동시에 정확하게 알 수 없기 때문에 건판 상의 어느 점에 상을 만드는가 말할 수 없다. 전자의 위치와 속도는 동시에 정확하게 확인되지 못하는 양이었던 것이다. 더 정확하게 말하면, 전자의 위치와 운동량은 불확정한 관계에 있다. 이 사실을 처음으로 알아차린 것은 하이젠베르크였다.

그는 이 불확정한 관계를 가상적인 실험으로 보였다.

전자의 위치를 광학현미경으로 측정한다고 하자. 앞서 얘기한 것같이 가시광선으로는 그다지 정확하게 보이지 않으므로 파장이 더 짧은 감마선을 사용한다. 물론 이런 감마선현미경은 실제로는 없지만 이론적으로는 생각할 수 있다. 전자에 감마선을 대면 산란된 감마선이 렌즈를 통하여 상을 만든다. 위치를 정확하게 알기 위해, 즉 분해능을 올리기 위하여 파장이 짧은 감마선을 쓰되 전자와의 거리에 대해 렌즈의 구경을 크게 한다. 광량자는 큰 운동량을 가지고 있기 때문에 전자가 튀어나간다. 전자가 광량자로부터 받는 운동량은 산란 후의 감마선으로부터 역산할 수 있는데, 광량자는 구경을 크게 하였기 때문에 렌즈의 어디에서 들어왔는지 모르므로 전자의 운동량을 모른다. 물론 전자의 위치는 분해능 범위 내에서만 알 수 있으므로 이 실험에서는 위치도 운동량도 모르게 되기 쉽다. 그러나 잘 알아보면 위치의 불명함과 운동량의 불명함 사이에는 반비례의 관계가 있고, 둘을 곱한 값은 딱 플랑크 상수가 된다.—

B: 「하이젠베르크의 불확정성원리인가. 그런데 회절상과 어떻게 관련 되는가 알쏭달쏭한데」

A: 「좀 더 들어보게」

물리학은 아무것도 결정할 수 없는가

B: 「하이젠베르크의 가상실험으로는 위치도 운동량도 정확하게 측정하지 못할 것 같이 보이는데」

A: 「이 가상실험은 잘 꾸며졌지만 그런 오해를 살 염려가 있

네. 물리학자는 그렇지 않지만 철학자 가운데는 그렇게 오해하여 물리학은 아무것도 결정하지 못한다고 생각한 사람도 있었지.

그러나 사실은 위치도 운동량도 서로를 희생하면 얼마든지 정확하게 측정할 수 있어. 즉 불확정한 관계는 아무것도 정확하게 측정하지 못한다는 뜻이 아니고 아무리 해도 반드시 원리적으로 상호간에 측정이 제한된다는 사실이 있다는 것을 나타내는 걸세」

B: 「"상호간"이라는 뜻은 위치와 운동량 상호간이라는 뜻인가?」

A: 「위치와 운동량이 대표적이지만, 그에 한정된 것은 아닐세. 가령 시간과 에너지도 마찬가질세」

—시간과 에너지에 대해서도 불확정한 관계가 있음을 나타내기 위해 보어는 가상적인 시계 장치를 했다. 시계는 보통 태엽식이라도 되지만 눈금은 상자에 장치된 셔터를 열었을 때 안에서 나오는 빛으로 보일 수 있게 만든다. 그런데 빛이 셔터를 지날 때 열렸다가 닫힐 때까지 어느 순간에 빛이 통과했는가에 따라 시간에 오차가 생긴다. 이 오차는 셔터가 빠를수록 적다. 빛은 셔터를 통과할 때 그에 운동량을 주고, 따라서 빛의 에너지는 변한다. 그 에너지의 변화는 셔터의 동작이 늦을수록 적다. 즉 시간과 에너지의 불확정성은 반비례하고 마치 위치와 운동량의 관계와 비슷한 결론이 나온다.

양자역학에서는 원리적으로 측정할 수 있는 양을 가관측량(Observable)이라 부른다. 위치, 시간, 운동량, 에너지 등 모두 가관측량(Observable)이다. 그 모두가 자나 시계나 미터의 바늘로 값을 정할 수 있다고 생각해도 될 것이다.

그래서 어떤 실험으로 가관측량의 하나에 대해 미터로 읽고, 동시에 다른 가관측량의 값을 알았다고 하자. 이것은 어떤 조에 대해서도 가능하다. 예컨대 전자의 위치와 운동량에 대해서도 마찬가지이다. 그런데 다시 같은 실험을 하여 한 가관측량에 대해 같은 값을 얻었는데도 다른 가관측량에 대해서는 먼저와 다른 값이 되는 경우가 있다. 몇 번 되풀이해도 사정은 변함이 없다. 이러한 두 가지 양은 상호간에 불확정한 관계에 있다고 한다.

위치와 운동량이라도 각각의 값은 하나하나의 실험으로 결정된다. 그러나 몇 번씩이나 같은 실험을 되풀이했을 때, 가령 위치가 같은 값이 되면 운동량이 먼저와 같은 값이 된다고는 못한다. 이런 사정이 있는 가관측량은 몇 개가 있어도 이상하지 않다.

정확하게 말하면 양자역학에서는 여러 가지 양은 결코 "불결정"(不決定)이 아니고 상대적으로 "불확정"으로 된다. 이것이 전자가 갖는 "입자"와 "파동"의 이중성을 푸는 열쇠가 된다.—

B: 「다시 말해 이렇게 말해도 되겠군. 전자는 "입자"라고 한다. 그런데 "입자"로서 확인되어야 할 위치와 운동량이 동시에 확인되지 않으므로 "입자"라고 단언하지 못한다. 그래서 이 불확정성을 인정하여 여러 가지 경우, 전자의 동작을 생각하면 "파동"으로서의 성질이 설명된다는 것으로」

2. "불확정성"이론

확률로 전자의 파동을 일으킨다

A:「다시 정리해 보겠네. 드브로이는 물질파를 제창했네. 처음에 그는 전자에 따라다니는 파동, 거꾸로 말하면 전자가 타고 있는 파동을 생각했지. 그런데 이 파동은 전자가 멈추면 한없이 퍼지고, 전자가 운동하면 속도에 대응하여 짧아지지. 전자의 운동에 대응하여 자유자재로 확대되었다가 축퇴되는 것은 기묘하기 짝이 없어. 그래서 제2안으로서 파동을 많이 모아 입자를 닮은 파속으로 전자를 나타내려고 했어. 그런데 이 파속도 금방 흐트러지고 펴져버리거든. 전자가 한 곳에 있다는 것을 알면 다시 파동을 모아 파속을 만들지 않는다면 이야기의 앞뒤가 맞지 않네. 이렇게 생각하는 것은 너무 억지 같아서 납득이 가지를 않아. 그럼 파동이라는 생각은 처음부터 난센스(이치에 맞지 아니하거나 평범하지 아니한 말 또는 일)인가 하면, 한편에서는 물질파의 존재를 나타내는 사진도 찍혔거든.

그래서 잘 생각해보면 전자의 건판에 상을 만드는 입자로서의 전자의 여러 가지 양을 꼭 확정지을 수 없음을 알게 되지」

B:「하나하나의 전자에 파동의 성질을 생각해야 하는 사실과 우리 지식의 불확정성을 어떻게 결부시키는가 문제가 된단 말이군」

A:「그래서 물질파를 실제 있다고 생각하지 말자는 것이 보른의 제안이었네」

—다시 한번 구멍을 통과하는 전자선 문제로 되돌아가자. 구멍 부근에서 전자의 위치와 운동량은 동시에 확인할 수 없으므로, 그 결과 전자가 건판의 어느 구멍에 상을 만드는가 모른다. 그렇다면 우리는 건판 상의 상에 대해서는 전혀 아는 바가 없는가 하면 그렇지도 않다. 가령 한 개의 전자를 파동처럼 생각하여 건판 상에 결과에서 예상되는 상을 그려 놓고, 다음에 다수의 전자를 써서 실험하면 예상대로 회절상이 만들어진다.

이와 비슷한 경우는 주사위를 던질 때 일어난다. 속임수가 아니라면 주사위를 던져 어떤 수가 나올지 모른다. 분명히 무슨 수든 나온다. 나온 수의 회수를 세어보면 처음에는 불규칙하게 보여도 던지는 회수가 많아지면 모든 수가 같은 정도의 회수로 나옴을 알게 된다.

그래서 한 주사위를 던지는 경우에도 예측을 해둔다. 어느 수에도 6분의 1이라는 수를 할당한다. 이것이 확률의 개념이다. 확률은 실제로 주사위를 던져 다음에 나오는 수를 나타내는 것은 아니지만, 던지는 횟수를 늘리면 결코 무의미한 일은 아니다. 실제로는 특정한 수가 나오는 총수는 전 회수에 이 값을 곱한 것에 가까워지므로 적어도 어떤 예상은 세워진다. 그리고 실제로 많은 회수를 생각할 때에는 극히 확실한 법칙이 된다.

구멍을 통과하는 전자는 구멍 부근에서 위치와 운동량의 한편 또는 양편이 불확정성이 된 결과 여러 가지 가능성이 나올

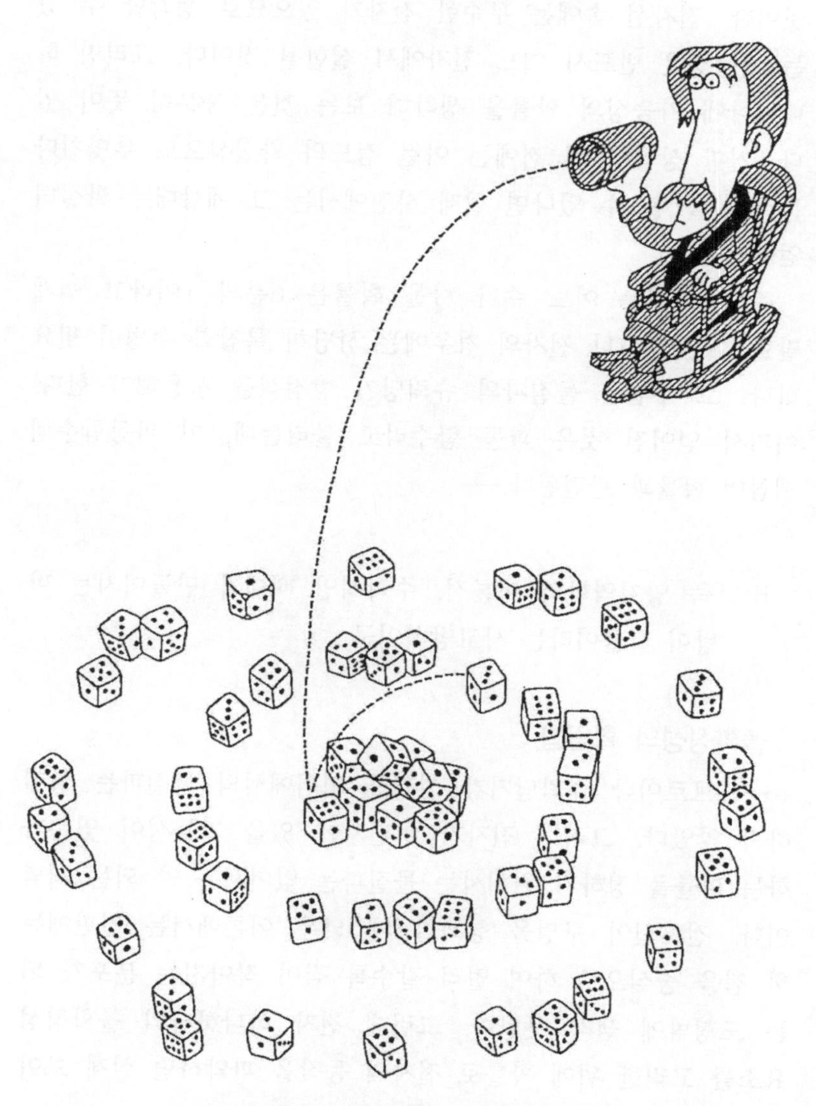

회수가 많아지면 확률이 유효하게 된다

것이다. 전자선 속에는 무수한 전자가 있으므로 생각할 수 있는 가능성은 반드시 어느 전자에서 실현될 것이다. 그러면 하나하나에 가능성의 확률을 생각해 보는 것은 충분히 뜻이 있다. 건판 상에서 이 점에는 이런 정도의 확실성으로 부딪친다는 예상을 할 수 있다면 실제 사진에서는 그 예상대로 확실히 얻어진다.

주사위에서는 어느 수가 나올 확률은 6분의 1이라고 쉽게 말할 수 있었으나 전자의 경우에는 상당히 복잡한 수법이 필요하다. 그 수법은 물질파의 슈뢰딩거 방정식을 사용해야 한다. 여기서 얻어진 것은 파동 함수라고 불리는데, 이 파동함수의 제곱이 확률과 관련된다.—

B:「즉 양자역학의 이론적, 수학적인 뼈대가 만들어지는 바탕이 확률이라는 사고방식이군」

불확정성의 확인법

—드브로이나 슈뢰딩거가 생각한 의미에서의 물질파는 실재하지 않았다. 그러나 전자가 어딘가에 있을 가능성이 있는가 하는 확률을 정하기 위해서는 물질파는 없어서는 안 되는 개념이다. 전자선이 구멍을 통과할 때 낡은 이론에서는 건판에는 한 점을 중심으로 하여 멀리 갈수록 점이 작아지는 분포가 되는 도형밖에 생각 못한다. 그런데 전자 하나하나의 불확정성 요소를 고려한 위에 확률로 전자의 동작을 파악하면 실제 보이는 회절무늬가 수학적으로 유도된다.

장치를 구멍 부근에서 전자의 위치를 측정하기 위해 구멍을 작게 하든가, 전자의 운동량을 알기 위해 벽을 가동으로 할 수 있게 만들면 건판에 얻어지는 회절상이 달라진다. 위치를 측정하면 운동량이 불확정성이 된 결과로서 파동무늬가 유도되기도 하고, 운동량을 알면 위치가 불확정하기 때문에 파동무늬가 유도 된다. 이것은 모두 슈뢰딩거 방정식을 푸는 경우의 조건이 된다.—

B: 「입자이면서 파동이다—흔히 이 패러독스(역설)를 먼저 인정하는 것이 새로운 사고방식이라는 알쏭달쏭한 말이 납득이 가네」

—좀 더 사정을 확실하게 하기 위해 벽에 2개의 구멍을 뚫고 전자선을 쏴보자. 이때 건판에 비치는 상은 결정의 X선 사진 같은 간섭무늬가 된다. 그것은 1개의 전자에 대해서 말하면 전자는 2개의 구멍 중 어느 쪽을 통과하였는지 모르기 때문에 두 구멍을 통과하는 확률의 파동이 간섭한 결과이다. 그런데 전자가 어느 쪽 구멍을 통과하였는가를 알기 위해서는 한쪽 구멍을 막으면 간섭무늬는 없어지고 앞서 보았던 회절무늬밖에 얻지 못한다. 막은 구멍에 대해 확률을 문제 삼을 필요가 없기 때문이다.

슈뢰딩거 방정식을 풀어서 나온 답은 어떤 조건에서 푸는가에 따라 달라진다. 그렇다면 방정식의 복잡한 수속을 설명하지 않더라도 조건과 답과는 밀접한 관계가 있음을 알게 될 것이다. 그렇다면 제곱하여 확률이 되는 양이라든가, 파동함수라는 수학 용어를 쓰지 말고 상태라는 말을 사용하는 편이 적절하다. 즉 전자는 주어진 조건에 맞는 상태에 있다고 나타내자.

위치나 운동량의 어느 한편을 정하면 다른 편이 결정되지 않는다. 그러나 결정되지 않는 것에 대한 확률적인 분포는 정할 수 있다. 이 사정을 나타내는 데는 상태라는 말이 적합하다. 예를 들어, 위치를 정한 경우 전자의 위치를 정한 상태가 완전히 정해졌다고 표현할 수 있다. 양자역학은 불확정성을 본질적으로 포함하지만 그것을 상태라는 개념으로 나타내어 상태가 확정된다고 말한다.

위치를 알기 위해 구멍을 작게 한 실험에서는 전자의 운동량은 알 수 없게 되지만 확률로 생각되는 파동은 구해진다. 그러므로 이것은 전자의 위치를 안 상태가 결정되었다고 말한다. 운동량을 측정하기 위해 벽을 가동으로 한 실험에서는 전자의 운동량을 알게 된 상태가 결정되었다고 말한다.

앞서 위치나 운동량만이 아니고 원칙적으로 측정되는 양을 가관측량이라고 했다. 어느 가관측량에 대해서도 그것을 측정하는 상태는 정해지는데, 이것은 다른 가관측량을 정하는 상태와는 반드시 일치되지 않는다. 2개의 가관측량이 전혀 다른 종류의 상태를 정하기도 한다. 위치와 운동량으로 표시되는 불확정한 관계에 있는 가관측량의 경우가 그렇다. 그러나 불확정한 관계가 아닌 가관측량에 대해서는 결정되는 상태는 합당하므로 각각의 지식은 더욱 정확하게 상태를 특정지우기 위해 동원될 수 있다. 결국 이러한 가관측량을 많이 모으면 그만큼 정확하고 상세하게 상태가 결정된다.—

B: 「상당히 까다롭군. 즉 양자역학은 단순히 불확정성을 주

장하지 않고 지금까지와는 다른 확실성을 확립했군. 그것이 상태라고 불리는 것이며 그것은 상호간에 방해하지 않고 측정되는 것을 많이 갖출수록 불확정성 없이 정결된다는 거로군」

아인슈타인의 저항

A: 「양자역학이 가관측량과 그에 의해 결정되는 상태라는 개념으로 이룩되었다는 사정은 생각에 따라서는 대단히 저항을 느끼게 하지만 이런 점에 끝까지 반대한 것은 아인슈타인이었네」

B: 「아인슈타인은 광량자설을 제창하여 양자역학의 방아쇠를 당긴 사람인데 그것은 무슨 까닭인가?」

A: 「비단 아인슈타인만이 아닐세. 플랑크, 드브로이 같은 양자역학이 완성되는 기틀을 세운 사람들도 모두 만들어진 양자역학에 다소나마 저항을 보이고 있으나 그 이야기는 다시 나중에 하기로 하고 아인슈타인의 저항에 대해 얘기하겠네」

—예를 들면 전자를 하나 들어보자. 전자는 우리가 보든 못보든 관계없이 "있다"고 마음속에서 생각한다. 그러나 생각하는 것만으로 전자가 "있다"고 말할 수 없으므로, 위치를 측정하거나 운동량을 측정하여 전자가 "있다"는 것을 확인한다. 위치를 알면 위치에 관계된 전자가 "있다는 요소가 확인되고, 운동량을 측정하면 거기에 대응한 전자가 "있다"는 요소가 확인된다. 그런 경우에 측정함으로써 상대가 전혀 변하지 않는다면 확실히

전자가 "있다"고 단언할 수 있을 것이다. 그런데 양자역학에서는 위치와 운동량은 동시에 확인되지 않으므로 두 양으로부터 생각되는 각 요소를 동시에 안정하여 "있다"고 해서는 안 된다.

그것이 이상하다고 아인슈타인은 말했다. 그는 같은 전자에 대해 상대를 바꾸지 않고 위치도 측정할 수 있고 운동량도 측정되는 것을 표시하여, 각 양에 관계된 "있다"는 요소가 확인되는 이상, 그 두 가지를 동시에 존재함을 허용하지 않는 양자역학은 잘못이라고 주장했다. 1935년이었으므로 양자역학이 이룩되고 나서 10년도 지난 후였다.

예를 들면 감마선현미경으로 전자의 위치를 측정하는데 광량자를 전자에 부딪치게 하여 반발된 광량자가 정해진 점 밖으로 빗나가는 비율은 극도로 작게 해주면 된다. 광량자의 운동량은 모르게 되지만, 그것은 전자와 간섭한 뒤의 일이므로 전자에는 영향을 주지 않는다. 광량자로부터 전자의 위치가 역산된다. 이번에는 현미경 대신에 반발된 광량자를 구멍을 통과시켜 회절상을 찍으면 광량자의 파장을 알게 되고 처음과 마지막 광량자의 운동량을 비교하면 전자의 운동량이 확인된다. 이런 경우에도 광량자의 위치는 모르게 되지만, 그것은 전자에는 영향을 미치지 않는다. 결국 불확정성은 앞의 경우에는 광량자의 운동량에, 나중 경우에는 광량자의 위치에 나타나지만, 그에 관계없이 전자의 위치도 운동량도 결정된다는 것이다. 양자역학의 결론과 다르지 않는가 하고 아인슈타인은 트집을 잡았다.

그런데 양자역학의 입장을 시종 변호해온 보어는 이것은 당연한 일로서 양자역학과 조금도 모순되지 않는다고 나섰다. 보어는 아인슈타인이 두 가지 가상실험을 결부시키는데, 전혀 관

양자역학의 개척자들도 완성된 이론에는 저항을 가졌다

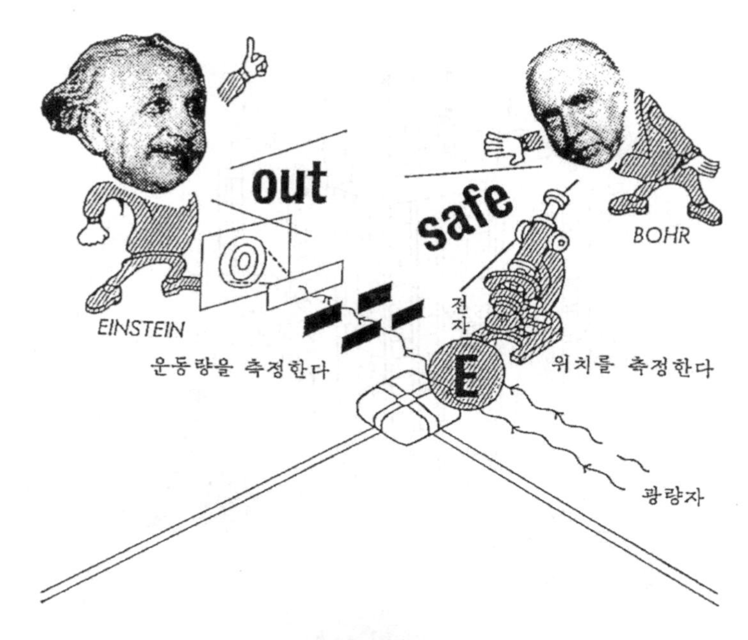

〈그림 18〉 아인슈타인과 보어의 논쟁

계가 없는 두 가지 양을 측정한 것에 지나지 않기 때문에 불확정한 관계가 생기지 않는 것은 당연하다고 친절하게 해설까지 달아서 해답을 보냈다. 처음 실험에서 실제로 본 것은 광량자의 위치도 전자의 위치도 아니고 그들의 상대적인 위치이다. 나중 실험도 광량자의 운동량이 아니고 광량자와 전자의 전체 운동량을 보았다. 이 두 가지는 불확정한 관계가 아니다.

또 그는 물체를 측정하는 것은 장치와 관계가 있다고 역설하였다. 즉 어떤 상태에 있는가, 그 상태를 결정짓는 가관측량은 무엇인가를 생각하는 것이 중요하다고 했다. 앞의 실험의 가관측량은 상대적인 위치이며, 나중 실험에서는 운동량의 합이다.

전자는 분명히 그 변하는 모양이 지금의 경우에 문제가 되지 않는 것같이 보이지만, 우리가 정말 알고 싶은 것은 그 다음에 무엇이 일어나는가 하는 것이다. 그것 없이는 전자의 존재는 뜻이 없다. 이렇게 생각하면 전자의 위치나 운동량보다도 상태에 대한 생각이 전자의 존재를 확인하는 중요한 요소일 것이다.—

B: 「그렇다면 보어의 이론이 맞는 것 같은데 아인슈타인은 수긍했는가?」

A: 「그렇지 않았을 걸세. 양자역학에도 아직 문제가 남아 있지만, 새로운 물리학을 이룩하는데 공헌한 사람들도 낡은 사고방식에서 완전히 벗어나지 못했다고 해야 하겠지」

3. 양자의 지도

에너지가 열쇠

B: 「양자역학에서는 상태라는 생각이 중요하다는 것은 납득이 가는데, 생각해 보면 보어가 원자구조를 생각했을 때, 벌써 바닥상태라는 말을 썼더군. 전자는 원자핵을 회전하는 궤도상에 있고, 원의 반지름으로부터 운동량을 알게 되었으므로 이것은 양자역학에서 쓰는 말과 같지 않은가?」

A: 「원자핵 주위를 궤도를 그리면서 전자가 회전하는 원자의 상(像)은 양자역학이 이룩되기까지의 발판에 지나지 않아. 원자의 모습을 통속적으로 나타내는 경우에 지금도 이런 그럼을 사용하나 전자가 원자핵 주위에 있는 것은 틀림없

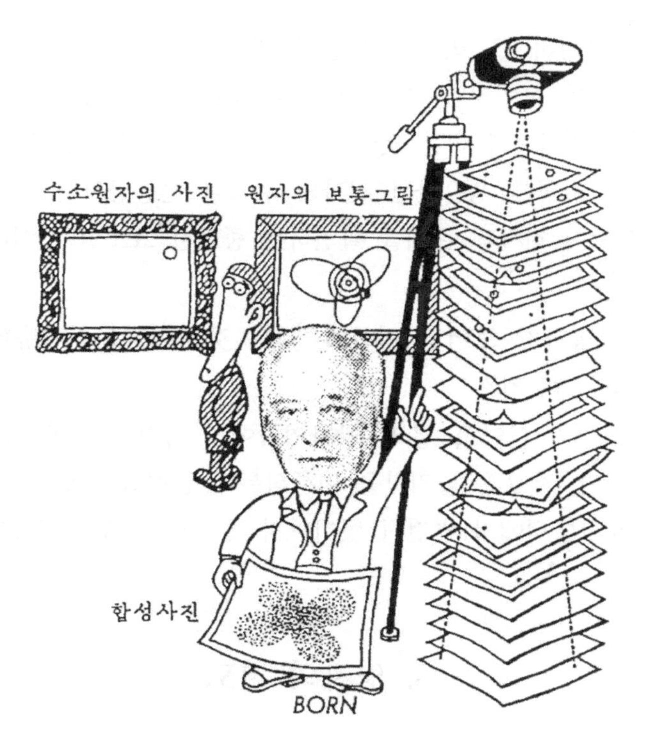

〈그림 19〉 원자의 초상화

지만 과연 전자가 회전하는가 어떤가는 확인할 길이 없어. 원자핵 바깥쪽의 어딘가에 있을 것이라는 확률로 표시되는 파동만을 생각할 수 있을 뿐이지.

만일 원자 하나하나를 사진으로 찍을 수 있다면, 가령 수소원자라면 원자핵과 전자가 넓은 공간에 홀로 있는 살풍경한 그림이 될 것인데 많은 원자의 사진을 한장 한장 비교하면 전자는 원자핵 주위의 이곳저곳에 모습을 나타낼 것이며 이들을 전부 겹치면 전자는 원자핵을 둘러싸고 주변이 흐릿한 구름 같은 모습을 나타낼 거야. 어떤 경우에는 둥근 구름이 되고, 다른 경우에는 기묘한 꽃잎 모양을 한 구름이 되기도 하지. 원자를 무수히 모아보아야 전자의 모습이 나타날 걸세」

B:「알았네. 이번에도 전자의 모습은 확률의 파동으로 밖에 이해되지 않는다는 말이군」

A:「드브로이가 생각했던 내용과는 다소 다르지만, 그가 전자 궤도를 파동으로 바꿔서 성공한 것은 그 때문이야. 보어가 사용한 상태라는 말은 양자역학에서도 그대로 살아 있네. 그 대신 상식적인 궤도라는 생각은 버려야 하지만…」

B:「그러면 원자의 상태를 결정하는 것, 즉 원자의 가관측량이란 무엇인가?」

A:「원자에서 제일 문제가 되는 것은 스펙트럼선 같은 에너지의 이동이야. 그러므로 에너지를 확인하는 것이 원자의 상태를 결정짓는 열쇠가 된다고 하겠네」

—여기서 원자뿐만 아니고, 양자역학을 적용하는 문제의 대부분은 에너지를 확인하는 데 주안점을 두고 있다. 그러므로 양자역학에서는 에너지의 행방을 좇는 것이 중요한 문제이며 이번에는 에너지를 어떻게 다루는가를 생각해 보자.

높은 곳에서부터 돌멩이를 떨어뜨리면 처음은 느리게 낙하하는데 아래로 내려가면 갈수록 빨라진다. 이것은 돌멩이의 높이에 대응하여 가지고 있던 위치의 퍼텐셜 에너지(Potential Energy: 위치 에너지)를 자꾸 잃고 대신 운동 에너지를 얻기 때문이다. 즉 낙하함에 따라 퍼텐셜 에너지는 운동 에너지로 변해간다. 어느 순간을 봐도 퍼텐셜 에너지와 운동 에너지의 합은 변하지 않는다. 이것이 에너지의 보존법칙이다.

돌멩이의 에너지의 합, 이것을 단지 에너지라고 부르면 그것과 퍼텐셜 에너지를 알면 운동 에너지도 알게 되므로 일일이 돌멩이의 뒤를 좇지 않더라도 운동 상태를 알게 된다. 돌멩이 문제에서는 퍼텐셜 에너지를 결정하는 것은 중력이므로 돌멩이의 질량을 알면 된다.

이 에너지 보존법칙은 어떤 현상에도 적용된다. 양자역학이 활약하는 원자, 분자의 세계에서도 예외가 아니다.

원자의 새로운 초상화

이번에는 실 끝에 돌멩이를 매단 흔들이의 운동을 생각해 보자. 실을 빳빳하게 당긴 채 돌멩이를 적당한 위치에서 놓으면 돌멩이는 호(弧)를 그리면서 점점 빨라져 바로 아래 점에 도달하는데 그 여세로 이번에는 반대쪽으로 올라가다가 점점 늦어져서 처음과 같은 높이까지 가서는 다시 되돌아온다. 이 운동을 알아보기 쉽게 나타낸 것이 〈그림 20〉이다(그림에서는 돌을 당목(절에서 종이나 징을 치는 나무 막대)으로 바꿨다).

가로에 중앙으로부터의 거리를, 세로에 퍼텐셜 에너지의 크기를 잡고 돌의 운동을 나타내면 그림에 그린 포물선이 된다. 다음에 돌멩이를 중앙에서 얼마나 먼 곳에서 놓았는가를 측정하여 포물선 위에 표시하고, 거기를 통과하는 수평선을 그으면 그것은 돌멩이가 가진 에너지를 나타낸다. 돌멩이를 바로 위에서 보면 항상 이 수평선 위를 왕복하는데 가로의 거리를 주었을 때 수평선과 포물선 간의 길이가 돌멩이의 운동 에너지이므

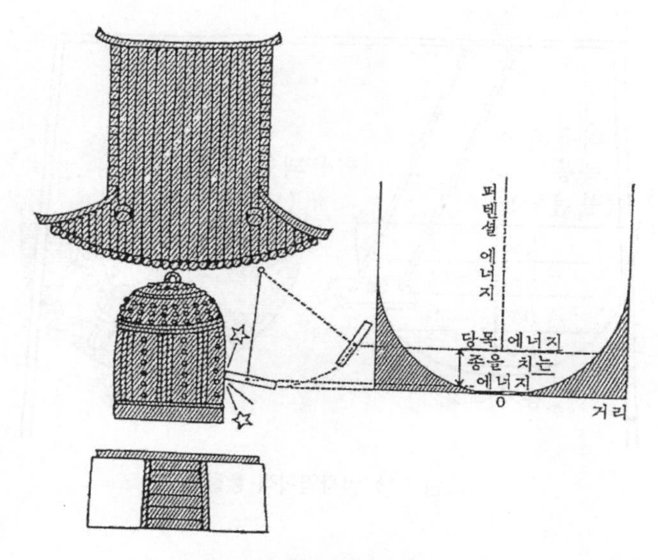

〈그림 20〉 흔들이의 에너지 그림

로 속도는 이로부터 구해진다.

퍼텐셜 에너지를 그리는 그림은 고전역학이든 양자역학이든 변함이 없다. 생각하는 대상에 어떤 힘이 작용하는가에 따라 결정된다. 그런데 에너지로서 그은 수평선은 고전역학과 큰 차가 생긴다. 상대가 돌멩이인 경우에는 어느 높이에서 놓아도 운동을 시킬 수 있다. 생각할 수 있는 모든 경우의 운동에 대해 수평선을 그려 넣으면 포물선 속은 까맣게 칠해진다.

양자역학에서는 이런 상황이 전혀 달라진다. 실제로 슈뢰딩거 방정식이 나타내는 답을 구하면 제1의 수평선은 포물선의 밑에서부터 어느 단위 길이의 반 위에, 제2의 수평선은 다시 단위 길이 위에, 다음은 단위 길이의 등간격인 수평선이 쭉 배열된다. 양자역학에서 물체는 이 각각의 선 위에서만이 운동이

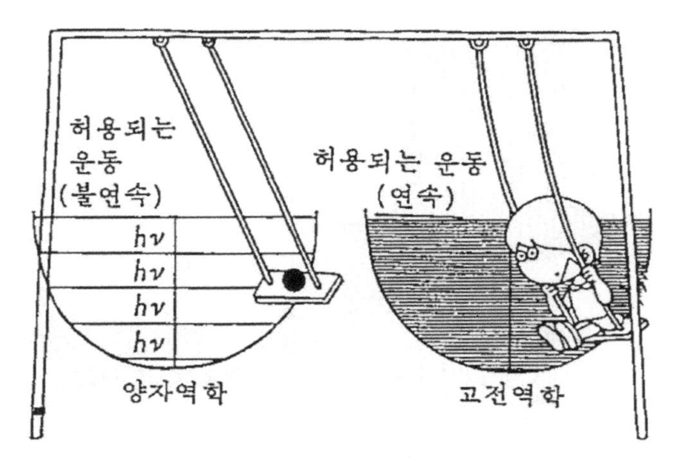

〈그림 21〉 양자역학적 흔들이

허용된다.—

B: 「돌멩이의 운동이 그렇다면, 우리는 마음먹은 높이에 돌을 들어올려 흔들 수 없게 되지 않는가」

A: 「지금 문제 삼는 것은 전혀 규모가 다른 세계의 이야기일세. 돌멩이와 실은 막대한 수의 원자, 분자로 되어 있으므로 앞서 이야기한 양자역학의 효과는 모두 무시돼. 그러나 전자와 같은 상대에게는 대단히 큰 효과가 있네」

B: 「즉 원자의 참모습을 그림으로 그리면 어떻게 되는가?」

—지금 얘기한 문제와 원자의 경우는 본질적으로는 다르지 않지만, 정확하게 말하면 다소 어긋난다. 원자 속의 전자에 작용하는 힘은 대부분이 원자핵이 끌어당기는 전기력이다. 이 전기력에 의한 퍼텐셜 에너지를 그림으로 그리면 세로축의 아래

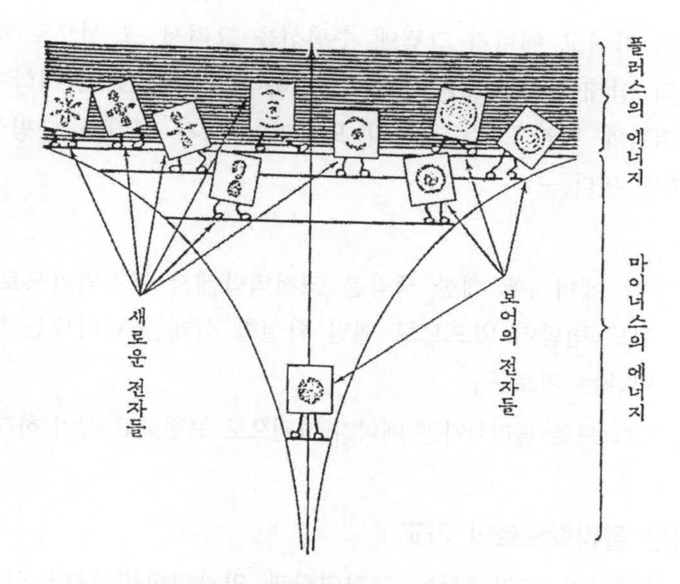

〈그림 22〉 수소원자의 에너지 그림

반에 있는 쌍곡선의 반이 된다. 앞서의 곡선은 종 모양이었는데, 이번에는 나팔꽃과 비슷한 나팔 모양이라고 하겠다.

이런 경우에 전자의 에너지를 구하면 아래 반의 나팔 안의 수평선은 듬성하고 등 간격이 아니다. 나팔 입구에 가까운 위쪽으로 갈수록 점차 몰려있다. 입구에서 제일 아래까지의 길이를 토대라고 하면, 다음 것은 1/4, 1/9, 1/16의 길이가 되는 곳에 온다. 이 결과는 발머의 스펙트럼선으로부터 추정되었고, 보어가 궤도를 발판으로 하여 유도한 것이다.

슈뢰딩거 방정식은 앞에 나온 에너지의 값을 정함으로써, 동시에 전자의 원자 내의 상태를 결정짓는다. 즉 전자가 어떤 확률로 어떻게 분포하는가가 정해져 있다. 이것이 앞에서 얘기한 구름의 모습이다. 상태가 에너지로 제대로 결정된다면 흐릿한 구름이 아니고 에너지 그림에 수평선을 그려서 그 선으로 하나 하나의 상태를 나타내는 편이 간단하다. 그러므로 물리학자가 양자역학에 따라 그런 원자의 모습이 에너지 그림의 수평선이라 해도 된다.—

B: 「즉 에너지에 대한 생각은 고전역학에서 양자역학으로 바꿔도 변함이 없으므로 제일 확실한 상태를 나타내는 방식이라는 거로군」

A: 「그러므로 물리학자는 에너지 그림으로 표현하고 싶어 하지」

낡은 물리학으로의 가교

B: 「에너지 그림에서는 고전역학과 양자역학의 답이 상당히 다른 것 같은데, 상태 쪽의 전자의 확률분포는 고전물리학과 양자역학에서는 어떻게 다른가?」

A: 「그것은 슈뢰딩거 방정식을 푼 답과 고전역학에서 임의의 시각에 카메라의 셔터를 눌러 찍은 사진을 몇 장씩이나 겹친 결과를 비교해보면 좋지」

—먼저 흔들이 문제를 비교하자. 돌멩이를 흔들어 위쪽에서 카메라로 찍고, 그 결과 어느 곳에 있었는가의 회수를 그래프로 그려 보자. 그려볼 것도 없이 횟수의 분포는 진자의 양단(양끝)에서 많고 중앙은 적다. 이것은 중앙 부근에서는 동작이 빠르므로 카메라에 찍힐 비율은 적기 때문이다.

그런데 상대가 전자처럼 양자역학을 쓸 필요가 있는 경우에

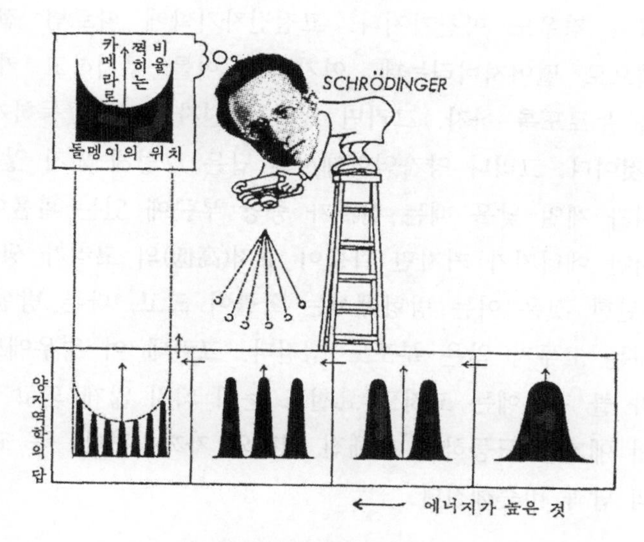

〈그림 23〉 흔들이의 확률분포

는 답이 전혀 달라진다. 만일 가령 양자역학에 따르는 흔들이가 있다고 하면, 제일 에너지가 낮은 상태에서는 중앙 부근에 있을 확률이 가장 크고, 양 끝으로 갈수록 적어진다. 다음에 높은 에너지 상태에서는 중앙에 있을 확률은 전혀 없어지고 중앙에서 벗어나면 커진다. 또한 높은 에너지도 이와 비슷하지만 확률이 작은 곳과 큰 곳이 교대로 나타난다. 에너지가 높은 것일수록 높고 낮음이 심해지지만 끝내 그것이 가득 차버린다. 그래서 이 부분을 멀리서 보면 마치 돌멩이 흔들이의 회수 분포와 거의 일치한다. 즉 높은 에너지인 경우에는 고전역학과 양자역학의 답은 일치한다. 이것은 보어가 양자역학을 구상할 때 이용한 다리이다. 그러나 에너지가 낮은 곳은 전혀 닮지 않았다.

원자의 경우도 마찬가지다. 고전전자기학에 따르면 전자는 원자핵으로 떨어져버리는데, 여기서는 이를 무시하고 카메라 셔터를 누르도록 하자. 그러면 전자는 원자 속에 균등하게 분포할 것이다. 그러나 양자역학에서의 답은 그렇게 되지 않는다. 에너지가 제일 낮을 때는 전자가 중앙 부근에 있는 확률이 균등하지만 에너지가 커지면 확률이 고저(高低)의 고리가 생긴다. 또 곤란한 것은 어느 방향에서는 확률이 크고, 다른 방향에서 작아지는 고루지 않은 분포도 생긴다. 그런데 이 경우에도 에너지가 클 경우에는 고저도 요철도 눈에 띄지 않게 되고, 마치 앞에서 얘기한 균등하게 칠해진 결과와 가까워진다. 즉 고전물리학의 답과 비슷해진다.

터널을 파는 양자

앞에서 얘기한 결과는 전자가 나팔 안의 수평선으로 표시되는 상태였을 때의 이야기이다. 이것은 전자가 완전하게 원자핵에 끌려 원자를 구성하는 경우에 해당하며, 전자가 에너지 그림의 아래 반면에 있고 에너지가 마이너스가 되는 경우이다. 그러면 전자의 에너지가 플러스인 경우는 어떤가?

전자의 에너지가 플러스라는 것은 전자가 원자핵에 포착되지 않아 원자를 구성하지 못했음을 의미한다. 이때는 에너지의 수평선을 마음대로 그려 넣을 수 있다. 즉 나팔 위에는 새까맣게 칠해진 상태(그림 22)가 된다.

그렇다면 구름이랄까, 안개랄까, 올린 상태도 균일하게 칠해지는 분포가 되는가 하면 그렇지 않다. 전자가 원자핵에 가까이 가면 전기력에 의해 그만큼 가속된다. 즉 운동 에너지가 커져서 빨리 통과한다. 그렇다면 카메라에 그 근방에서 찍힐 비율은 적어지므로 안개가 엷어진다. 그리고 역시 고전역학과의 차이가 나타나서 에너지가 클수록 양자역학의 경우에는 고저의 차가 생긴다.—

B: 「그렇다면 전자 에너지의 플러스, 마이너스에 따라 상태까지 생각해야 하는 경우와 에너지의 그림만으로 해결되는 경우로 나눠지는가?」

A: 「사실은 그렇게 간단하지 않네. 고전역학에서 말하는 것같이 에너지도 상대적이므로 어디를 기준으로 하는가에 따라 플러스, 마이너스가 변해. 예를 들면 퍼텐셜 에너지의 모양이 화산 같은 모습이라고 하세. 분화구 속이 종 모양이든 나팔 모양이든 상관없지만 그 속만을 보는 한, 앞의 흔들이나 원자의 경우와 조금도 다름이 없을 걸세. 그 입구 안의 적당한 높이의 수평선은 입구를 기준으로 하면 마이너스가 되고, 밖의 평지에서 보면 플러스이지. 이건 어떤가?」

B: 「속에 있는 전자에 주목하면 먼저와 같이 입구 쪽에서 측정하면 될 것 같은데 그렇게는 안 되는가?」

—화산 모양의 퍼텐셜 에너지의 문제를 처음 생각한 것은 소련 태생의 가모브였다. 전자(실제로 생각한 것은 알파 입자인데)가 분화구 안에 있으면 확실히 그 에너지는 띄엄띄엄한 값을 취하며, 그에 따라 에너지의 그림에 수평선을 그릴 수 있다. 그런데 이 전자의 확률분포는 앞에서처럼 분화구 안에서만 생

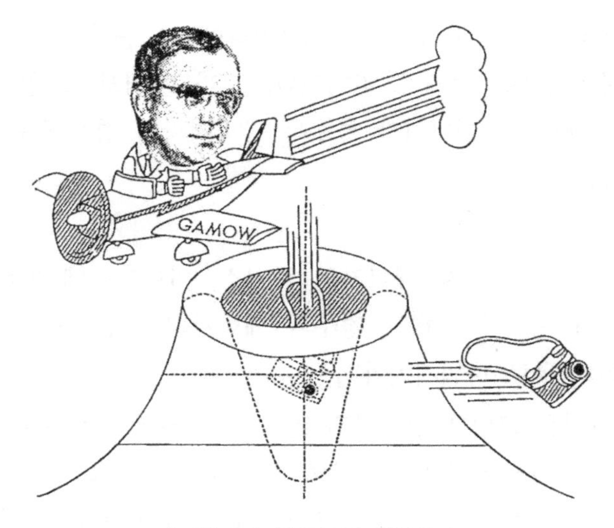

〈그림 24〉 가모브의 터널효과

각해야 하는가 하면 그렇지 않다. 수평선이 바깥에서 평지보다 높아졌다면 전자가 있을 확률은 밖에서도 0이 아니다. 이것은 고전역학으로는 생각할 수 없는 결론이다.

고전역학에서는 퍼텐셜 에너지의 산이 높아서 입자의 에너지가 그것을 넘을 만큼 크지 않으면 입자가 안에서 아무리 발버둥 쳐도 밖으로 나갈 수 없다. 그런데 양자역학에 의해 답을 내면 전자의 확률의 파동은 산 밖에서도 0이 아니어서 안에 있는 전자가 어느새 밖으로 나갈 수도 있다. 이것은 분화구 안에 갇힌 경우만이 아니다. 전자의 에너지보다 높은 퍼텐셜 에너지의 벽이 있어도 그 높이가 유한하면 전자는 벽에 터널을 파고 빠져나간다.—

B:「실제로 그럴 수 있을까?」

A:「가모브는 알파선이 원자핵을 빠져나가는 문제를 써서 훌륭히 알파선 방출 실험결과를 설명하였네. 그 밖에도 빠져나갈 힘이 없는 전자가 어느새 벽을 뚫고 나간 현상이 일어났지. 이것이 터널 효과인데 이것은 양자역학의 상태라는 이론에 의해 비로소 설명될 수 있으며 양자역학의 하나의 승리라고 하네」

B:「양자역학이 원자, 분자의 법칙이니 다행이군. 일상세계에서 이런 일이 생기면 아무리 문단속을 잘 해도 밤손님들이 마음 놓고 일을 치룰 수 있게 되지 않겠나?」

A:「여기서 얘기하고 싶었던 것은 양자역학에는 두 가지 기둥이 있어. 하나는 에너지의 그림을 그리는 것이며, 또 하나는 확률분포를 주는 상태를 결정짓는다는 두 가지가 서로 보상하여 여러 가지 문제를 풀어가는 걸세」

4. 인과와 양자역학

고양이 문답

B:「흔히 듣는 이야기이지만, 양자역학에서는 보통 우리가 사용하는 의미의 인과법칙이 없다고 하는데, 이것은 다음과 같이 생각해도 될까?

돌멩이를 던질 때 우리는 처음 던지는 위치도 속도도 알고 있네. 그러므로 중력 하에서 물체가 어떻게 운동하는가 하는 역학 법칙을 사용하면 그로부터 몇 초 후에는 돌멩이가 어떻게 되는가를 알아맞힐 수 있으나, 반면 양자역학의 대상이 되는 것에서는 최초의 위치와 속도가 동시에 확정되지 못하므로 이러한 예언은 할 수 없겠군」

A: 「대체로 자네가 이해하고 있는 대로 일세. 다만 양자역학이 인과법칙을 버렸다고 받아들이기 쉽지만 그렇지 않네. 전자나 광량자는 파동과 입자의 이중인격을 갖는 기묘한 대상이었지. 이것을 제일 합리적으로 받아들이는 수단이 무엇인가 하는 문제로부터 양자역학이 나왔는데 상대가 나빴다고나 말할 수 있겠네. 그럼에도 불구하고 양자역학에서는 다른 의미에서 인과법칙이 성립되기 때문에 전자선을 구멍 뚫린 벽을 통과시키면 어떤 상이 만들어지는가 완전하게 알아맞힐 수 있네. 이것은 다수의 전자의 협력이 있어서 비로소 실현되는 인과법칙일세」

B: 「즉 자네가 몇 번씩이나 강조한 것같이 상태에 대해서는 인과법칙이 성립된다는 건가?」

A: 「선수를 치는군. 그런데 이 상태를 생각하면 여러 가지 복잡한 문제가 일어나서 간단히 끝이 나지 않네. 여기서 하나의 예를 들겠네」

—슈뢰딩거는 기묘한 장치를 생각해 냈다. 고양이를 죽이면 앙갚음을 한다고 해서 누가 언제 죽였는지 모르게 하려고 하였다. 도둑고양이를 잡아다가 강철 상자에 넣었다. 이 상자 속에는 고양이가 닿지 못하는 곳에 사이안산칼륨이 든 작은 병이 놓여 있다. 약병은 마개를 막았는데 다음과 같이 장치되었다.

가이거 계수관 속에 극히 소량의 라듐을 넣는다. 그 양은 1

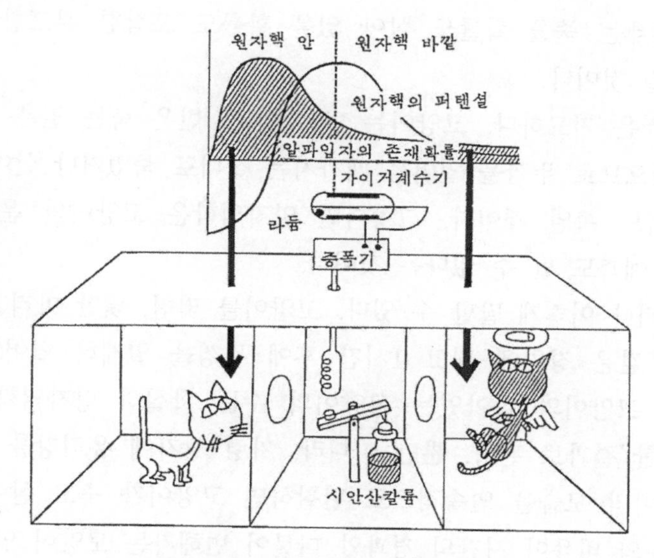

〈그림 26〉 슈뢰딩거의 고양이 장치

시간 동안에 라듐원자 중의 어느 하나가 알파입자를 낼까 말까 하는 정도로 가감해 둔다. 알파입자가 튀어 나오면 계수관에 방전이 일어나고, 그것이 증폭되어 작은 망치를 움직여 사이안산칼륨이 든 작은 병을 깨뜨린다. 그렇게 되면 고양이는 영락없이 죽는다는 이야기이다.

그럼 이 장치를 1시간 동안 두면 어떻게 될까? 고양이는 아직도 살았을까 또는 이미 죽었을까?

라듐원자로부터 알파입자가 나오는 것은 앞에서 말한 퍼텐셜 에너지의 산에 터널을 파서 뚫고 나가는 문제와 같다. 즉 양자역학의 확률분포에 의존하므로 알파입자가 튀어나가는지, 않는지 정확하게 말할 수 없다. 상자 뚜껑을 열어 볼 때까지는 고양이의 생사는 모른다. 뚜껑을 열 때까지 고양이의 생사에 관한 상태는 죽을 확률도 살아 있을 확률도 포함한 분포함수로 주어질 것이다.

이것은 기묘하다. 고양이는 반은 살고, 반은 죽는 일은 있을 수 없으므로 뚜껑을 열어볼 때까지는 절대로 죽었거나 살아 있든 어느 쪽일 것이다. 그렇다면 양자역학은 고양이의 운명에 대해 예측도 할 수 없다는 것이다.

그러나 이렇게 말할 수 있다. 고양이를 몇천, 몇만 마리를 모아서 같은 장치에 넣고 1시간 후에 뚜껑을 일제히 열어보면, 죽은 고양이와 살아있는 고양이의 수는 확실히 양자역학에서 예측한 결과로 된다. 뿐만 아니라, 가령 상자에 유리창을 달고 고양이의 모습을 연속적으로 관찰하면 고양이가 죽고 살아 있는 수의 비율이 시간의 경과와 더불어 변해가는 모양이 양자역학이 예상하는 것과 조금도 다르지 않는 것을 알게 된다. 결국 양자역학은 한 마리의 고양이의 우연한 운명을 인정하면서 한 마리의 고양이의 배후에 있는 다수의 고양이를 상상하여 피할 수 없는 필연적인 미래를 추구하고 있다는 것이다.—

시간에 방향이 있는가

B:「고양이의 운명에 관한 얘기가 되었는데, 우리 인간은 전체로서는 양자역학의 대상은 아닐세. 그러나 그 운명은 상당히 우연적인 요소에 지배된다고 생각되지만 언젠가는 죽는다는 운명은 피할 수 없네. 이것은 통계상에서 필연적인 것같이 생각되는데.」

A:「즉 상자 속의 고양이와 인간은 대단히 비슷하다고 하는 건가? 그러나 이것은 사실, 아주 다르네. 고양이의 경우

에는 반드시 고양이를 사용할 필요는 없고, 고양이나 사이안산칼륨이나 망치 대신에 전기미터를 연결해도 되네. 라듐으로부터 알파입자가 나오는가 어떤가가 중요하기 때문이지.

알파입자가 나오는가 아닌가는 어디까지나 우연한 현상이네. 사람의 경우에 운명이 우리에게 우연적인 것은 우리가 운명을 좌우하는 원인 모두를 알지 못하기 때문에 일어나지. 그러므로 언젠가는 장차 일어날 사건을 전부 예지할 수 있는 초인이 나온다 해도 이상하지 않아. 이것을 라플라스의 도깨비라고 부르는 데, 이것이 없으므로 "눈에 보이지 않는 힘에 조종되는 기구한 운명"이라는 표현이 나오네. 그런데 양자역학이 지배하는 세계에서는 라플라스의 도깨비라도 1개 전자의 앞으로의 행동을 정확하게 예언할 수는 없어. 같은 통계법칙에 지배되는 것 같아도 본질은 전혀 다르네.」

B: 「고양이와 미터는 상당히 차이가 나는 것 같네, 미터는 바늘이 움직였다가 다시 되돌아가지만 고양이는 한번 죽으면 다시 살아나지 못하지 않는가?」

A: 「여기에 두 가지 문제가 있네. 하나는 미터와 고양이의 동작의 차이이고, 또 하나는 라듐이 알파입자를 내는 현상을 어떻게 파악하는가 하는 걸세. 그래서 먼저 첫 번째 이야기를 생각해 보세」

—미터의 바늘이 움직이는 현상은 가역(물질의 상태가 한 번 바뀐 다음 다시 본디 상태로 돌아갈 수 있는 것)적이라 하며,

시간에는 방향이 있는가

고양이가 죽는 것은 비가역적 현상이라 한다. 살아 있는 고양이는 죽지만 죽은 고양이는 절대로 되살아나지 않으므로 여기에는 어쩔 수 없는 자연의 질서가 있다.

물이 끓는 주전자를 얼음 위에 놓으면 얼음이 녹아 물이 되고 주전자 물도 차가와진다. 그러나 물속에 주전자를 담가두어도 물이 얼음이 되거나 주전자 속의 물이 끓지는 않는다.

이것은 아주 당연한 현상이지만 물리학에서는 까다로운 문제이다. 왜 까다로운가 하면 이러한 일방적인 시간의 방향을 지정하는 기본적인 법칙이 없기 때문이다. 이 문제에 대해서는 19세기에 볼츠만이 처음으로 답을 냈다. 그는 이 현상을 분자의 운동에까지 거슬러 올라가 다수의 분자가 여러 가지 운동을 하는 확률을 생각하였다. 분자의 운동이 난잡하게 되는 편이 정돈된 경우보다 일어나기 쉬우므로 시간이 진행하는 방향이 결정된다고 하였다.

그러나 고전역학에서는 분자의 운동은 최초의 위치와 속도로 결정되므로 반드시 난잡한 방향으로 간다고는 할 수 없다. 처음의 조건을 적당히 잡으면 난잡했다가도 정돈되는 방향으로 돌릴 수 있기 때문이다. 그러므로 분자 하나하나에 대하여 그렇게 조절할 수 있는 도깨비, 이것을 맥스웰의 도깨비라고 하는데, 그 도깨비가 존재하지 않는다고 생각해야 한다. 아무튼 확률을 도입해야 한다. 현상을 하나하나 모른다고 해도 전체적인 통계법칙에 의해 피할 수 없는 필연성을 끌어내야 하기 때문이다.

그런데 양자역학에서는 확률을 모르기 때문이 아니고 불확정하기 때문에 본래부터 존재한다. 그러므로 시간에 방향이 있다는 현상은 더 기본적으로 생각해야 되는데 그렇게 간단하지 않다. 이 경우에도 양자역학의 기초에는 시간의 방향을 정하는 씨가 없다고 말할 수 있다.

이 답을 낸 것은 컴퓨터의 기틀을 만든 노이만이다. 양자역학에서는 어떤 가관측량을 측정하면 상태가 결정된다는 이야기는 앞에서 했다. 이것을 그 가관측량의 순수상태라고 한다. 그런데 관측해도 대상의 상태가 어느 쪽인지 판정할 수 없다고 하면 어떻게 되는가? 말할 수 있는 것은 가관측량이 갑의 값을 취하는 상태도 생각되고, 을의 값을 취하는 상태도 생각된다. 이것을 그는 혼합 상태라고 불렀다. 만일 관측자가 모르면 이런 경과에 따라 혼합 상태는 더욱더 순수상태로부터 멀어져 상태에 대한 지식은 난잡하게 된다. 이것이 시간의 방향이 나타나는 이치이다.

원자와 인간의 경계

또 하나의 현상을 무엇으로 파악하는가 하는 문제를 알아보자. 라듐이 알파입자를 내는 현상을 알아보는데 미터를 읽는 것과 상자 속의 고양이의 죽음을 확인하는 방법을 생각하였는데, 이것도 여러 가지가 있다.

상자 뚜껑을 열어보고 나서야 고양이 생사를 알아보는 대신 상자에 유리창을 달고 고양이의 죽음을 확인할 수도 있다. 이런 경우에는 미터의 바늘은 되돌아가는데도 고양이는 다시 살아나지 못한다는 차이는 없다. 먼저 경우에는 고양이까지가 관측 대상이 되는데, 나중 경우에는 고양이는 미터 바늘과 같은 측정 도구여서, 사이안산칼륨의 병이 깨졌는가 어떤가, 대상은 사이안산칼륨 병으로부터 그 다음이 된다. 이번에는 거꾸로 고양이가 산란한 빛이, 보고 있는 사람 눈의 망막에 상을 만들었다고 하면 빛까지도 관측 대상이 된다. 다시 망막 끝의 신경계를, 뇌세포와 그 속에서 일어나는 변화까지 생각해가면 대상은 자꾸 늘어나 결국은 추상적인 관찰자에까지 도달한다.

노이만은 관측을 세 부분으로 나눴다. 대상과 장치와 관측자이다. 그리고 장치는 대상 측에서도 관측자 측에서 생각해도 같은 결과가 된다고 주장했다. 예를 들면 고양이는 관측 대상으로서 상자 뚜껑 속은 전부 양자역학으로 생각해도, 고양이를 관측자 측으로 하여 죽음을 미터 바늘로 사용해도 같은 답이 된다는 것이다.

그러나 이렇게 되면 대단히 이상하게 된다. 고양이의 생사의 확률분포는 상자 뚜껑을 열 때까지는 삶에도 죽음에도 펴져있다. 그런데 상자 뚜껑을 연 순간에 삶이나 죽음으로 분포는 편중된다. 즉 삶이든 죽음이든 알게 되는 상태로 변해버린다. 이것은 그때까지 확률분포가 슈뢰딩거 방정식에 따라 변해온 것과는 전혀 다르게 변한다. 노이만의 생각으로 보면 결국 관측자는 추상적인 자기까지 가므로 확률분포가 갑자기 변하는 원안을 거기까지 가져갈 수 있다. 그렇게 되면 추상적인 자기가 확률분포의 최종결정을 지배하는 결과가 된다.—

B: 「즉 인간의 자의식이 자연을 지배한다는 말이군」

A: 「관념론을 논하는 철학자가 환영한 것은 그런 점이었네. 보어를 비롯한 코펜하겐학파(學派)라고 불리는 사람들도 모두 정도의 차는 있을망정 이런 생각을 지지해왔네」

B:「좀 이상한데. 고양이의 확률분포가 삶과 죽음의 어느 쪽에도 퍼졌다는 표현이 말일세. 고양이는 이미 삶이냐 죽음이냐 정해졌을 것이므로 그것을 일부러 어느 쪽 가능성도 있다고 하는 것은 궤변같이 생각되는데」

A:「그렇다네. 철저한 경험론은 어떤 의미에서는 이상한 것이야. 아무튼 우리가 물리학을 생각하는 경우, 정도의 차는 있어도 객관적인 실재라는 것을 전제로 하고 있기 때문일세」

—고양이의 생사는 대상에 영향을 미치지 않고 창을 들여다보고 확인할 수 있다. 그러므로 여기서 확률 분포가 변했다고 생각하는 편이 상식적이다. 그렇게 하면 이 방식은 더 앞으로 나갈 수 있다. 원칙적으로는 대상에 영향을 주지 않으면 한계선까지도 갈 수 있다. 이것은 상식적으로 양자역학을 사용하지 않아도 되는 장치의 범위까지 허용된다. 그러면 남는 것은 관측이 상대에 영향을 주는, 정말 양자역학을 써야 하는 대상이 된다. 확률분포가 여기서 변화하므로 주관이라든가 자의식의 작용을 받지 않는 아주 객관적인 과정이 된다. 여기가 대상과 관측자의 경계라고 일본의 다께야, 그린은 주장한다.—

B:「오늘은 상당히 어려운 양자역학의 사고방식에 대해 얘기하였지만 대략은 알아들었네. 그러나 완성된 체계라고 생각되던 양자역학에도 기본적으로는 여러 가지 문제가 남아 있군」

A:「그렇다네. 또 한 가지 언급하지 않았지만 양자역학에서

확률을 해석하는 방법에 불만을 가진 사람들이 많네. 우리가 변수를 모를 뿐, 실은 인과법칙은 더 정연한 것일지도 모른다는 의견일세. 그런데 예의 노이만은 양자역학에서는 그러한 숨은 변수는 없다고 증명하였네. 드브로이는 그 때문에 그의 주장인 물질파의 실재성을 철회했네. 그러나 봄은 그럴 가능성을 전적으로 포기하지 않았어. 그러므로 아직 문제는 남았네」

Ⅳ. 양자는 과학을 연결한다

〈h가 지배하는 기묘한 세계의 심, 원자핵 모형〉

1. 주기율표의 이론적 해명

전자의 구름

B: 「자네 이야기도 드디어 양자역학의 개화기까지 이르렀는데, 오늘은 양자역학이 현대의 과학 분야에서 어떤 결실을 이룩하였는지 들려주게」

A: 「나도 그럴 작정이었네만, 얘기는 자네가 상상하는 이상으로 여러 방면에 걸치므로 각오가 되어 있는가」

—먼저 얘기의 계속으로 원자 문제부터 들어가겠다. 수소원자가 내는 빛스펙트럼이 보어의 이론을 낳고, 드디어 양자역학을 완성시켰다. 그러므로 양자역학은 원자 문제에 대해 먼저 답을 내야 할 은혜를 입었다. 보어의 이론은 수소 스펙트럼의 의미를 해명했을 뿐만 아니라 더 복잡한 원자, 특히 리튬, 나트륨, 칼륨 같은 원자의 스펙트럼 해독에도 정밀하다고는 하지 못하나, 올바른 예측을 했다. 그 이유는 다음과 같다.

이들 원소(알칼리금속)는 미소한 에너지로 1가의 양이온이 되기 쉬운 성질을 가지고 있다. 즉 1개의 전자가 느슨하게 결합되어 있다. 이 전자는 가전자(價電子)라고 불리며, 그 밖의 전자와 구별된다. "가전자"와 "그 밖의 전자와 원자핵의 모임", 즉 "원자심"은 마침 보어의 이론에서 나오는 수소원자의 "전자"와 "원자핵"과 비슷하기 때문이다.

그런데 알칼리금속의 스펙트럼선을 상세히 조사하면 두 가지 점에서 수소의 경우와 다르다. 첫째 상이점(차이점)은 특정한 파장 간격을 가진 스펙트럼선에는 몇 개인가 독립된 계열이 조합되어 있고(수소원자의 경우는 특정한 파장 간격에는 하나의 계열밖에 없다), 또한 각 계열이 모두 최후에는 공통선으로 간격을 좁혀 접근된다. 둘째는 이들 계열의 하나를 제외하고는 어느 선도 간격이 좁은 이중선으로 되었음을 프라운호퍼가 발견하였다는 사실이다. 이 두 가지는 보어의 이론으로는 설명할 수 없었다.

가전자의 궤도가 반드시 원이 아님을 알게 되자, 가전자가 원자심의 구름 속에 들어갈 가능성이 있었다. 그렇게 되면 실제로 빛스펙트럼에 관계가 없다고 생각된 원자심 속의 전자의 모양이 이 스펙트럼선의 복잡성을 푸는 열쇠가 된다.

가전자가 에너지가 다른 궤도로 옮길 때 내거나 흡수하는 빛의 스펙트럼은 적외선, 가시광선, 근자외선 영역에 있는데, 원자심 속에 있는 전자가 내는 빛은 1옹스트롬〔1옹스트롬은 0.1나노미터(㎚)〕보다도 훨씬 짧은 파장을 가진 X선이다. 그러므로 이들 전자구름이 드러나게 하는데 X선을 이용해야 한다.

여러 가지 원소가 말하는 특성X선이 대단히 규칙적임을 발견한 것은 모즐리였다. 많은 원소가 내는 선을 배열하면 원소에 따라 조금씩 어긋나는데 몇의 K, L, M, N라는 이름의 계열이 생겨, 그 계열의 X선의 진동수는 원자번호의 제곱에 비례함이 알려졌다. 알칼리금속원소도 예외가 아니었다.

이것은 보어의 수소원자의 경우와 비슷하다. 그래서 보어의 이론을 바탕으로 원자심 속에 K, L, M 등에 따른 전자궤도와 그것을 뛰어넘을 때에 X선을 내는 모형이 생각된 것은 당연하였다. 그런데 이 경우에 수소와 다른 점이 있었다.

빛스펙트럼은 수소의 전자나 보통 원자의 가전자가 그보다 바깥쪽에 있는 전자가 많지 않은 데도 사이에서 에너지가 높은 곳으로부터 낮은 곳으로 뛰어넘으므로 생긴다. 반대로 빛이 흡수되는 경우는 최저의 에너지 상태에 있는 가전자가 어떤 진동수의 빛이라도 전부 흡수하려고 기다리고 있는데서 일어난다. 그런데 원자심에 X선을 흡수시켜서 스펙트럼을 얻는 경우는 이와 달라 각각의 계열에 예상되는 에너지의 파장으로는 받아들여지지 않고 계열의 극한에 상당하는 에너지 이상의 파장이 짧은 것을 고르지 않으면 흡수되지 않는다. 그러므로 스펙트럼을 보면 그 에너지에서 선명하게 흡수되는 경계가 생긴다. 그것은 가전자 이외의 전자가 각각 완전하게 각 궤도를 차지하기 때문이다. 하나의 전자가 어느 파장의 X선을 흡수하려고 해도 그것이 뛰어들기 전에 다른 전자가 있다. 그러므로 계열보다 바깥 궤도에 단번에 뛰어넘을만한 에너지가 없으면 받아들이지 않는다. 우리 생활에서 윗자리가 전부 찼으면 별수 없이 아랫자리를 찾아야 하는 것과 마찬가지이다. 가전자 이외의 전자는 새로 받아들이지 않게 닫혀 있다. X선을 내는 경우도 비슷하다. 바깥 껍질로부터 안쪽 껍질로 전자가 뛰어들려 해도 빈 자리가 없으면 안 된다. 그러나 무슨 계기로 한 번 빈 자리가 생기면 어느 전자든, 가령 K선을 내고 뛰어들면 그 뒤를 잇달아 L, M선이 나온다. 이렇게 되어 모즐리가 발견한 X선 스펙트럼 계열이 설명된다.—

B: 「그렇군. 수소원자의 전자는 자유전자였지만, 알칼리금속원자에서는 가전자만이 자유전자이고, 그 이외의 전자는 마치 보직을 가진 회사원 같은 것임을 알았다는 얘기로군」

좌회전 전자와 우회전 전자

—왜 이중선이 나타나는가 하는 알칼리금속원자의 스펙트럼선에 관한 또 다른 문제는 1925년까지 몰랐다. 울렌벡과 하우트스미트는 이렇게 파장이 미소하게 어긋나는 것은 아마 극히 근소하게 성질이 다른 전자가 둘이 있기 때문이라고 생각했다.

전자를 구별하기 위해서는 그때까지 어떻게 생각해왔는가? 전자는 3차원 공간을 돌아다니므로 이것을 파악하기 위해서는 세 개의 변수가 필요하다. 전자에 주어진 자유도라고 말해도 된다. 양자역학에서도 전자의 자유도 수는 같다. 그중 하나는 전자 에너지이며, 나중 둘은 전자가 어떤 도형을 그리는가? 또는 전자의 확률의 구름이 어떤 모습을 하고 있는가를 결정한다. 그런데 전자는 또 하나 아주 중요한 성질을 가지고 있다.

피겨 스케이팅을 생각해 보자. 기술을 따로 치면, 먼저 필요한 것은 기본도형을 그리는 스쿨 피겨인데 이것만으로는 승부가 나지 않는다. 그래서 프리 스케이팅을 겨눈다. 여기서 스핀이라는 요소가 중요하다. 양자역학의 창설자들이 그 다음에 도달한 결론도 이와 아주 비슷하고, 전자에 스핀 능력을 주는 것이었다. 그러나 스핀하는, 즉 자전(自轉)하는데 전자가 점이어서는 곤란하다. 전자가 발견된 이래 사람들은 어느새 전자를 점같이 생각해 왔는데 이래서는 안 되었다. 그들은 전자를 공간적으로 퍼진 물체라고 다시 생각하여, 일정한 축 주위의 자전, 즉 스핀을 유도하였다. 물론 양자역학은 이 운동에 대해서도 제한을 준다. 알칼리금속원자의 스펙트럼이 가진 이중선을 설명하는데 스핀에 두 가지 운동이 허용되면 된다. 즉 축에 대해 우회전과 좌회전하는 자전이다.

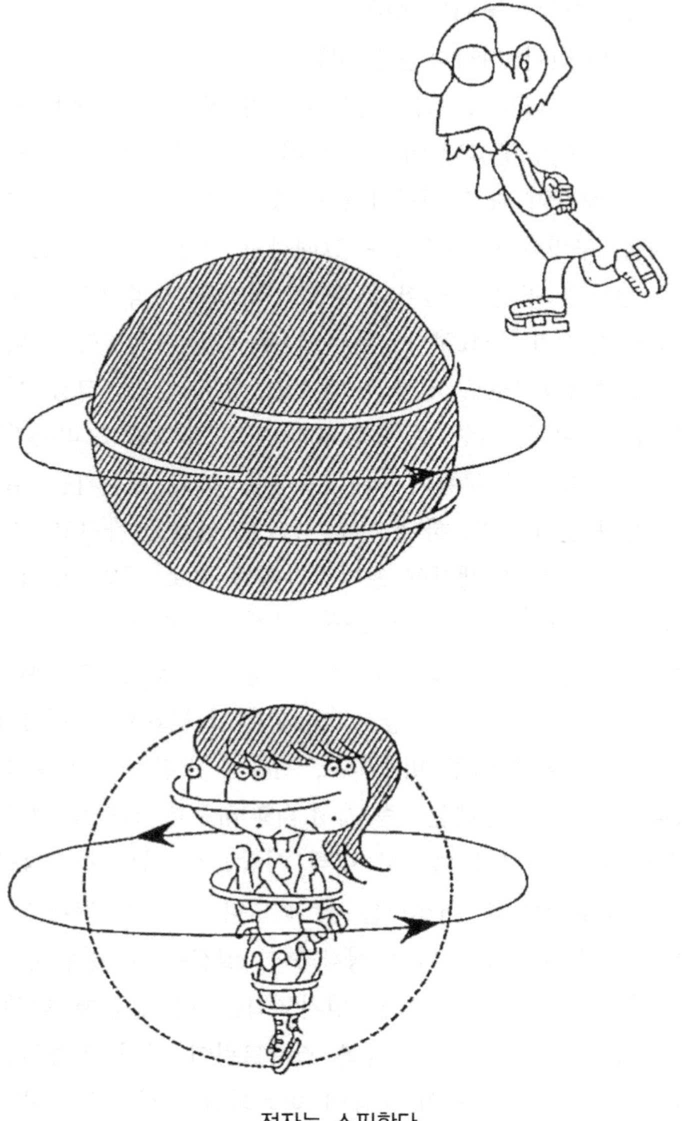

전자는 스핀한다

전자는 단위전기량을 가지므로 만일 이것이 자전하면 자석의 작용을 한다. 그 능력을 자기능률(磁氣能率)이라 한다. 그러므로 스핀이 있는가 없는가는 자기장을 걸어보면 안다. 자석에는 자기장이 있기 때문이다.

원소의 스펙트럼선이 자기장 속에서 더욱 세분되는 것은 1896년에 제만이 발견하였고, 대부분의 문제는 로렌츠가 해결하였다. 그러나 나트륨금속원소의 이중선이 더 복잡하게 나눠지는 모습, 가령 나트륨의 D선의 하나가 4개로, 다른 것이 6개로 나눠지는 것은 전자스핀에 의해 비로소 설명된다. 그밖에 스핀이 해명한 화학적 문제는 나중에 자세히 얘기하겠다. 이렇게 하여 알칼리금속원소의 이중선은 전자에 질량과 단위 전지량 이외에 스핀이라는 성질을 덧붙이는 구실을 다하였다.—

B: 「전자는 자전하면서 회전한다는 거로군. 그런데 앞에서 전자는 점이 아니라고 했는데, 양자역학에서 생각할 수 있는 전자의 크기는 얼마나 될까?」

A: 「그건 아주 어려운 문제로서 현재도 확실하게 말을 못하네. 예상으로는 ㎝단위로 소수 이하 0이 13개 정도 붙는 숫자가 아닐까 생각되네. 그리고 미리 말해둘 것은 전자스핀의 크기를 생각하여 유도하는 대신 스피너라는 성질을 갖는 양을 출발점으로 하여 생각하려는 이론이 디랙에 의해 3년 후에 세워졌네」

B: 「그렇다면 울렌벡들의 전자모형은 낡았다는 건가?」

A: 「그렇다고 어느 교과서에나 씌어 있지. 그러나 그건 좀 이상해. 새 이론이 편리하다고 해서 낡은 이론을 확인하

지 않고 간단히 버려서는 안 되네」

파울리의 원자설계

―알칼리금속원자에서 알려진 사실로부터 원자 내부를 상상해 보자. 먼저 원자 안에는 빛스펙트럼에 관계있고 간단히 떨어지도록 약하게 결합된 가전자가 있다. 이것이 원소가 갖는 화학적 성질과 관련된다.

멘델레예프가 만든 원소의 주기율표는 화학적 성질이 비슷한 원소가 주기적으로 배열된다는 것이므로 가전자 수가 닮은 것과 관계가 있을 것이다. 가전자의 수를 알면 원소의 주기율표가 잘 설명된다.

그러나 가전자만으로는 원자의 여러 가지 성질을 모두 설명하지 못한다. 다음에 문제가 되는 것은 원자 안에서 껍질을 만들고 다른 것은 가까이 하지 않는 전자이다. X선 스펙트럼은 이 전자의 접합이 K, L, M…이라는 몇 개의 층으로 되었음을 밝혔다. 전자는 각 층 안에서 정해진 수의 자리에서 여간해서는 승격되지 못하는 월급쟁이 같은 것이다. 이 전자는 각각 자리에 공석이 없이 꽉 차 있어 꼼짝할 수 없게 되어 있는 것 같다. 따라서 밖으로 나타나는 원자의 성질에는 그다지 관계가 없다. 그 한 증거는 원자의 자기능률의 크기는 상당히 많은 전자를 가진 원자라도 대략 전자 1개의 크기와 같은 정도이다. 즉 가전자만이 자기능률에 관계하고 껍질 속의 전자는 그에 관계가 없다. 이것은 껍질 속에서는 우회전하는 스핀을 갖는 전자와 좌회전하는 스핀을 갖는 전자가 서로 견제하기 때문일 것이다.

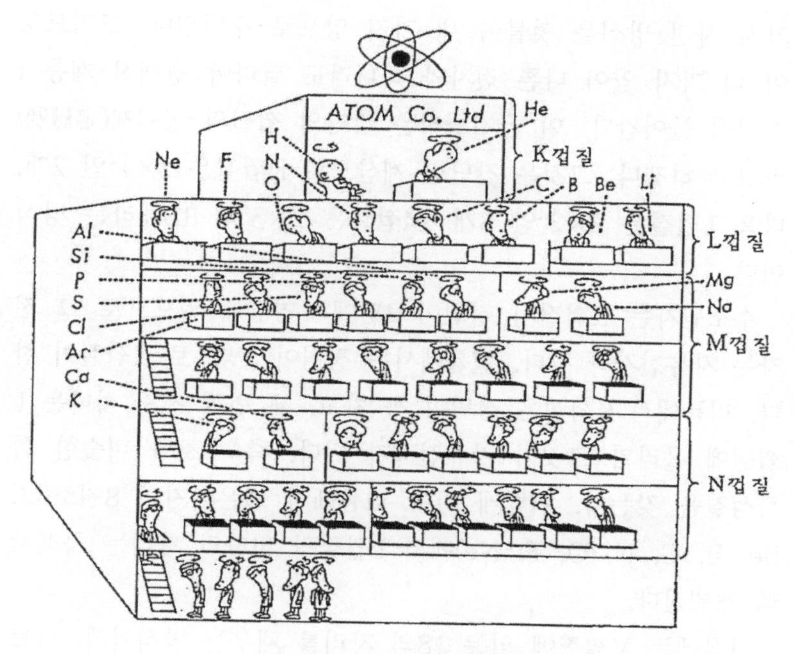

〈그림 26〉 원자의 껍질구조

이런 생각에서 코셀과 보어는 원자의 내부를 밝히려고 노력하였다.

결국 원자 속에서 전자는 짜증이 나도 월급쟁이 생활을 택하고, 그 나머지가 자유전자가 되는 모양이다. 이리하여 전자의 구름 속에는 K, L, M…이라는 계층이 있고 각각 정해진 자리가 있다는 것이 확인되었는데 이 자릿수는 어떤가?

1925년에 심술궂은 파울리는 전자의 금지법칙을 제안하였다. 어떤 전자도 같은 상태에는 하나밖에 들어가지 못한다는 것이었다. 물론 이 상태는 양자역학에서 말하는 "상태"이다. 전자는 에너지와 확률의 구름 모습을 정하는 두 가지 양, 여기에 두 가지 자전 방식을 덧붙여 네 가지 양으로 구별된다. 그러므로 이 네 가지 양이 다른 전자와 하나라도 달라야 정해진 계층의 자리에 들어간다. 이 금지법칙은 각각의 껍질의 정원제(定員制)라고나 하겠다. 그것은 간단한 계산으로 K껍질은 2×1^2인 2개, 다음 L껍질은 2×2^2인 8개, M껍질은 2×3^2의 18개라는 방식이다.

수소원자는 K껍질의 정원이 2명에 1명밖에 없으므로 그 전자는 자유전자와 같다. 헬륨에서는 정원이 2명으로 K껍질이 찬다. 리튬에서 K껍질은 정원이 꼭 차고, 세 번째 전자 하나는 L껍질에 올라가 그것이 자유전자가 된다. 즉 수소와 비슷한 화학성질을 갖는다. 이렇게 하여 리튬에서 네온까지의 8원소(Li, Be, B, C, N, O, F, Ne)에서 L껍질의 전자의 자리는 차례차례 채워진다.

다음에는 M껍질에 있는 18의 자리를 채우는 방식인데, 나트륨에서 8번째의 아르곤까지는 예정대로 진행된다. 그런데 다음 칼륨은 당연히 M껍질의 9번째 자리를 채운 다음 전자는 M껍질에 들어가지 않고 새로운 N껍질로 들어간다. 그 다음은 N껍질의 일부가 먼저 채워지고 나서 겨우 M껍질이 완성되는 과정을 밟는다. M껍질의 자리 가운데 8석은 매력을 느끼지만 나머지 10석은 N껍질보다도 싫어한다는 셈이다. 이렇게 되면 전자는 순차적으로 안쪽 껍질을 채워가는 간단한 원리로는 설명할 수 없다.

원자 속의 전자는 원래 허용되는 한 안정한 상태가 되고 싶어 한다. 전자수가 적은 동안은 이 요구는 안쪽 껍질에 채워짐으로써 충족되었는데 수가 많아지면 안쪽 껍질에 들어가도 안정하다고 단정할 수 없게 된다. 이때 M껍질의 나머지 10석보다도 N껍질의 일부 자리가 안정하다. 왜 그런가 하는 설명은 여기서는 생략하겠다.

이러한 "안정한 조건"으로 껍질이 채워짐을 생각하는 것은 주기율표를 해명하는데 중요한 구실을 하였다. K껍질은 제1주기가 2개의 원소, L껍질은 제2주기의 8원소의 존재를 설명하는 것은 명백하였지만, 제3주기의 8원소가 왜 M껍질의 일부만 채우고, 제4주기, 제5주기가 18원소가 되는 것도 설명될 수 있었다. 제6주기도 18원소가 되어야 할 것인데 N껍질의 나머지를 채워가는 란타넘 이하의 14원소의 계열이 더해져 32원소가 되는 상황도 잘 설명되었다.—

B: 「주기율표가 양자역학이 해명한 원자 내 전자의 상태에 의해 설명되게 된 것은 알겠네. 그런데 그건 무슨 이점이 있는가?」

A: 「주기율표는 발견되지 않은 원소를 찾아내거나, 원소가 어떤 화학적 성질을 갖는가를 아는데 편리하였지. 그러나 그것만으로는 성질 같은 문제만 정성적(定性的)으로 설명되네. 원자 내의 전자 상태까지 밝혀지면 이온이 되는데 얼마만한 에너지가 필요하다든가, 화학반응이 어떤 비율이나 속도로 일어나는가 하는 것을 정량적(定量的)으로 논의할 수 있게 되네. 화학을 뚜렷한 기초로부터 논의할 수 있게 된 걸세」

2. 화학은 전자에 지배되었다

구름에서 손이 나온다

B: 「먼저 얘기에서는 양자역학에서 생각하는 원자의 모습은 전자의 확률로 된 구름으로 덮인 것이었네. 그러나 전자 껍질이라고 하면 아주 딱딱하게 구획된 것 같이 생각되는데」

A: 「얘기를 보어의 수소원자로부터 시작하였으므로 잘못된 인상을 주었는지 모르겠네. 껍질이란 에너지나 구름모양으로 나눈 것이지 공간적으로 구획한 것은 아닐세. 다만 말할 수 있는 것은 전자가 확률적으로 어느 근방에 있을 가능성이 큰가 하는 걸세. 예를 들면 수소원소에서는 K 껍질에 전자가 있는데, 중심에서 0.5Å〔Å(옹스트롬): 100억분의 1미터〕의 반지름으로 나누면 많은 수소원자 중 약 54%가 그 속에 전자를 가지고 있고, 46%는 그보다 바깥에 전자를 갖게 되거든. 그런데 더 무거운 원소는 K껍질 전자의 태반이 수소원자보다도 훨씬 원자핵에 가까운 곳에 모여 있으므로 같은 껍질이라도 원소에 따라서 공간적인 크기가 다르네」

B: 「분자의 크기는 대략 1Å 이상이라고 했지. 원자가 0.5Å의 구름을 가진다면 분자는 원자 속 전자의 구름끼리 접촉하여 만들어졌다고 생각해도 되는가?」

A: 「예를 들면 수소원자 2개로 구성되는 수소분자를 생각하면 두 수소 원자핵의 거리는 0.7Å이므로 전자구름의 가장자리끼리 겨우 겹쳐진 것 같이 보이지만 이 겹침이 실

제로는 상상 이상으로 서로 영향을 미치게 되네. 그것은 양자역학으로 비로소 이해할 수 있는 걸세」

—원자로 분자가 만들어지는 메커니즘을 크게 나누면 두 가지가 있다. 하나는 원자가 일부의 전자를 버리거나 줍거나 하여 양 또는 음이온이 되어 전기적인 힘으로 결합하는데 이온결합이라고 부른다. 또 하나는 중성원자가 결합하여 분자를 만드는 것으로 공유결합(共有結合)이라고 부른다. 이온 결합은 고전이론으로도 대략 설명되는데, 공유결합은 원자 내 전자의 모습을 모르면 어쩔 수 없다.

수소분자의 결합구조를 밝힌 것은 하이틀러와 론돈이었다. 먼저 수소분자의 이온을 생각해 보자.

이 이온 속에는 2개의 수소원자핵과 1개의 전자가 있을 뿐이다. 전자는 어느 한편 원자핵에 속하며, 다른 원자핵을 벌거벗긴다. 그래서 전자가 속하는 쪽을 수소원자라고 생각하고, 전자가 어느 정도의 확률로 어디에 있는가를 알기 위해 파동함수를 구한다. 파동함수는 원자핵의 중심으로부터 멀리 갈수록 작은 절대값을 가지고, 이웃에 있는 원자핵 부근까지는 퍼지지 않는다. 그러나 문제는 확률로 논의되므로 이웃 원자핵 주변에 전자가 있는 가능성도 있다. 가능성 전부를 생각해보면 이온의 파동함수는 지금 생각한 두 가지를 합성하면 될 것이다. 양자역학에서는 직접적으로 확률이 양으로 나오지 않고 그것을 제곱하면 확률이 되는 파동함수가 주역이라는 것이 주안점이다.

각 원자핵을 중심으로 한 두 파동함수는 형태는 같지만 서로 부호가 같은 경우도 있고 다른 경우도 있다. 같은 부호를 가진

〈그림 27〉 원자파동함수의 합성

두 파동함수를 합성한 경우와 다른 부호의 파동함수를 합성한 경우를 막연히 보면 세밀한 점은 제쳐놓고 그 차이는, 한편은 양단에만 마디가 있는 파동을, 다른 편은 또 하나 가운데에 마디가 있는 파동을 나타낸다. 즉 같은 부호끼리일 때는 반파장, 부호가 다른 경우는 1파장의 파동과 비슷하다(〈그림 27〉 참조).

여기서 드브로이의 물질파 이론을 되새기면 물질파의 파장은 전자의 운동량에 반비례한다. 운동량이 크면 에너지의 값도 커진다. 그렇게 되면 같은 부호를 가진 파동함수를 겹친 편이 부호가 다른 파동함수를 겹친 것보다 반파장만큼 파장이 길어진다. 따라서 에너지는 작다. 분자는 에너지가 작은 편이 안정하므로 수소분자 이온은 이런 겹친 파동함수 때문이라고 말할 수

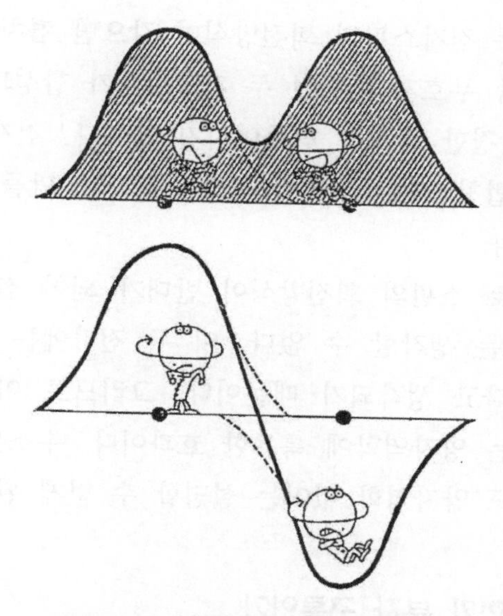

〈그림 28〉 수소분자의 결합과 비결합

있다.

이 결론을 써서 이번에는 수소분자를 생각해 보자. 전자는 2개 있는데 각 전자는 다른 원자핵 주변에 있다는 원자를 생각해보면 파동함수는 앞서의 이온에게서 빌려도 될 것이다. 이온인 경우에 결론지은 파동함수를 보면 두 원자핵 사이에서 파동은 서로 겹쳐 0은 안 된다. 즉 양쪽 전자가 그 부근에 있을 확률도 있다. 또 전자가 둘 다 같은 장소에 있을 가능성도 있을 수 있다.

그런데 원자를 설계하는 중요한 구실을 맡은 파울리의 금지법칙이 이때에도 발동한다. 전자는 서로 다른 점이 없으면 같은 장소에 오지 못한다. 그렇다면 지금과 같은 일이 일어나기 위해서는 한쪽 전자는 우회전이고 다른 쪽은 좌회전이라야 한다. 반대로 두 전자스핀의 회전방식이 같으면 겹치지 않으므로 다른 합성, 즉 부호가 반대인 두 파동함수가 합성되는 쪽을 취해야 하고 안정한 분자는 만들어지지 않는다. 전자가 서로 파울리의 금지법칙 때문에 싫어하므로 분자가 만들어지지 않는 것이 당연하다.

전자가 서로 스핀의 회전방식이 반대가 되어 접근하는 것은 고전이론으로는 생각할 수 없다. 이 두 전자에는 전기적 반발력이 작용한다고 생각되기 때문이다. 그러므로 이것은 파동함수가 겹친다는 양자역학에 특유한 효과이다. 수소분자 같은 간단한 분자라도 양자역학 없이는 설명할 수 없게 된다.—

원자 구름인가 분자 구름인가

B: 「화학에서는 분자의 결합상태를 나타내는데 구조식에서 팔을 쓰는데 지금 얘기 같으면 그것이 전자구름이 되겠네」

A: 「그렇지. 화학식을 전자로 번역하면 팔에 해당하는 것은 우회전 전자와 좌회전 전자의 한 쌍인데, 2개의 팔로는 2조의 쌍, 즉 4개의 전자가 활약하지. 그런데 이 결합 팔은 전자로 얘기하면 더 편리하네」

B: 「간간한 것도 그렇다는 건가?」

A: 「가령 물 분자, 즉 산소원자 하나와 수소원자 둘 만인 것을 예로 들어보세」

B: 「물의 구조식은 H-O-H가 아닌가. 산소가 양 팔에 수소와 결합되었지」

A: 「구조식으로 그것밖에 말할 수 없네. 물 분자를 X선으로

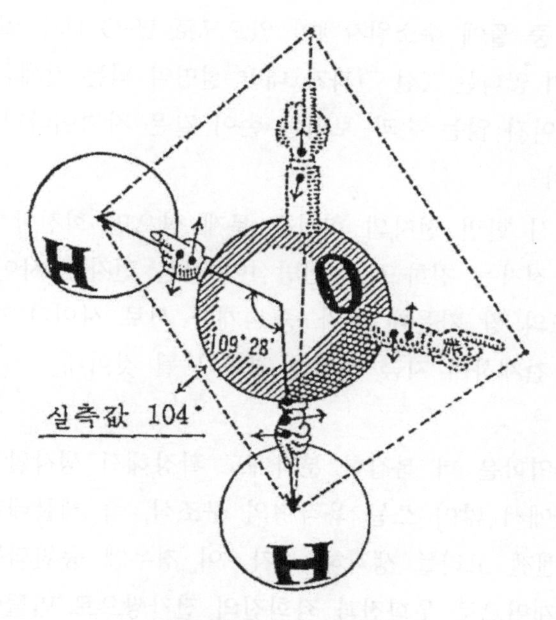

〈그림 29〉 물 분자

조사해 보면 H, O, H는 일직선상에 있지 않네. 사실은 두 팔이 약 104°각도를 이루고 있네.

이것은 다음과 같이 이해할 수 있어. 이 경우에 활약하는 전자를 헤아려 보면 수소의 전자가 1개씩 2개, 산소는 2개가 K껍질을 만들고 있으므로 나머지가 6개로 합계 8개가 있지. 전자 2개씩이 한 팔을 만든다면 4개의 팔이 생길 것이며, 이중 2개는 2개의 수소원자핵을 잡는데 나머지 두 팔은 비어 있어. 이것은 구조식으로 나타나지 않고 양자역학이 알아낸 팔이야. 그런데 이 네 팔을 같은 자격이라 보고 사면체 중심에 산소를 두면 네 팔은 네 꼭지점을 나타내거든. 이 팔 사이의 각도는 109°28′이지. 네 꼭지

점 중 둘에 수소원자핵이 있으므로 H-O-H가 일직선상에 있지 않다는 X선 결과가 대략 설명이 되는 걸세」

B: 「보이지 않는 손과 보이는 손이 같은 자격이라니 무슨 일인가?」

A: 「다시 한번 전자의 회전을 문제 삼으면 회전방식이 반대인 전자는 친하고, 회전방식이 같은 전자는 사이가 나빠. 4조의 쌍 가운데 전자 중 4개가 서로 사이가 나쁘면 서로 견제하여 지금 얘기한 결과가 될 것이네」

—양자역학은 더 복잡한 분자에도 확장해서 생각할 수 있다. 유기화학에서 많이 쓰는 육각형의 구조식, 즉 케쿨레가 발견한 유명한 벤젠 고리를 생각해 보자. 이 경우에 동원되는 전자는 도합 30개이므로 우회전과 좌회전의 전자쌍으로 만들어지는 팔은 15개이다. 그런데 이웃된 원자의 쌍은 12개밖에 없으므로 팔은 3개가 남는 계산이다. 이때에는 하나 걸러된 탄소 쌍에서는 4개의 전자가 작용하여 팔이 둘 생긴다고 해석하면 될 것같이 생각된다.

그러나 이것으로 설명되지 않는 문제가 있다. 탄소 쌍에 팔이 둘이 있는 편이 팔이 하나인 경우보다 더욱 세게 끌어당기므로 원자 간의 거리는 짧아지는 것이 보통이다. 그러나 케쿨레 고리는 완전히 정육각형으로 팔이 둘인 부분도 팔이 하나인 부분도 길이에 구별이 없다. 왜 그런가?

그 이유는 다음과 같다. 6개의 탄소에 하나 걸러씩 쌍으로 2개의 팔이 나온 경우에도 두 가지로 생각된다. 즉 원래 것과 중심을 고정하여 60° 회전한 것이다. 이 둘은 같은 확률로 존

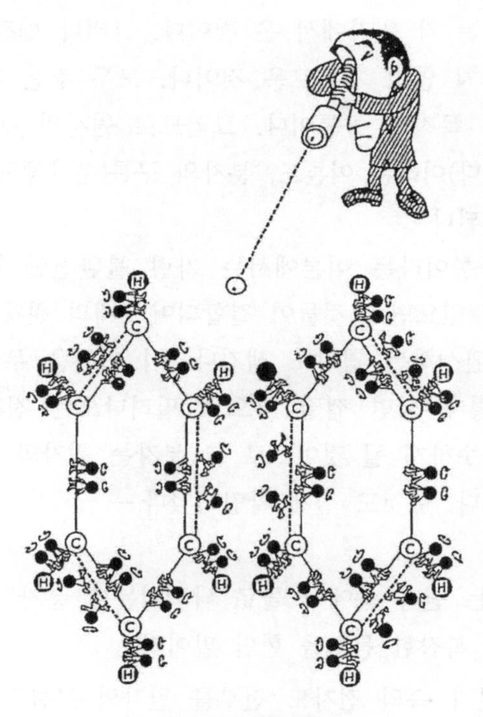

〈그림 30〉 벤젠 분자

재한다. 벤젠 전체로 보면 반반인데, 이것을 하나의 벤젠분자에서 보면 한 벤젠의 팔이 2개에서 1개가 되기도 하고, 1개가 2개가 되는 확률을 가지면 되는 것이다. 이것은 팔 2개로 활약하는 전자 한 쌍이 양쪽에 있는 탄소만이 아니고 건너편에 있는 탄소에도 확률의 구름을 퍼지게 한다는 것이다. 결국 전자에도 여러 가지가 있어서 원자핵 일부에만 사용되는 것도 있고, 많은 원자핵, 또는 분자 전체를 돌아다니는 것도 있다는 것이다.

하이틀러와 론돈이 생각한 전자는 서로 협력하여 분자를 만드는데 원래는 각 원자에서 온 것이다. 그러나 벤젠 속의 일부 전자는 그렇지 않고 자유로운 것이다. 모두 같은 전자이며 분자를 만드는 목적도 공통이다. 그러므로 원자의 구름(원자궤도함수라 부른다)이라는 이론도, 분자의 구름(분자궤도함수)이라는 이론도 성립된다.

분자의 구름이라는 이론에서는 가령 불완전한 껍질을 가진 원자가 둘이 있으면 그것들이 결합되어 2개의 원자심을 둘러싸고 껍질을 완성하는 경향도 생긴다. 이 이론은 무리켄이 생각해냈다. 이렇게 되면 껍질 밖으로 밀려나오는 전자는 원자의 가전자와 비슷하게 될 것이므로 그 분자는 원자와 비슷한 스펙트럼빛을 낸다. 이것도 실제 확인되었다.―

B: 「전자는 원자 속에서 둘로 나눠지는데 분자 속에서도 나눠지는 복잡한 동작을 한단 말이지」

A: 「물 분자 속의 전자도 전부를 원자의 구름으로 취급하는 방법도 있고, 전부를 분자의 구름으로 생각하는 방법도 있어. 복잡한 분자일수록 여러 가지 방법이 필요하게 되므로 그 방법을 시험하는데 수소분자나 물이 거론된다네」

반응의 언덕

B: 「양자역학이 분자의 구조를 결정하는데 쓸모 있다는 것은 대략 알아들었는데, 분자가 큰 경우는 많은 전자가 활약하게 되니 아주 까다롭게 되지 않겠는가?」

A: 「아주 정확하게 답을 낸다고 하면 수소분자라도 완전하지는 못하네. 그러나 화학은 양자역학 이론을 써서 아주 여러

가지 관점으로 고찰할 수 있게 되었지. 분자구조만이 아니라 화학반응의 결과도 뛰어난 정밀도로 예측할 수 있네.

예를 들면 유기분자의 한 원자를 다른 원자로 바꿔쳐서 새로운 유기분자를 만들어 보세. 육각형을 배치한 구조식만으로는 어느 원자를 바꿔칠 수 있는지 모르지. 그런데 양자역학의 간단한 계산을 사용하면 바꿔칠 원자를 틀림없이 예측할 수 있네. 자유전자는 분자 내의 원자를 돌아다니지만 잘 들르는 장소도 있고, 그렇지 못한 장소도 생겨. 그렇게 되면 생소한 장소는 원자끼리의 결합력도 약하므로 간단히 다른 원자와 바꿔칠 수 있게 되네. 폴링이 이것을 결합차수(結合次數)라는 양으로 나타내고 나서 상당히 복잡한 분자의 취급법이 아주 확실해졌네」

B: 「즉 합성화학이라는 분야가 발달되었다는 거로군. 화학에는 여러 가지 반응식이 있었지. 분자와 분자가 서로 반응하여 다른 분자가 만들어지는 과정이 어느 정도 확실해졌다는 것이군」

A: 「화학반응에 대해 양자역학이 다한 공적은 분자 구조의 해명만큼 크네. 제일 중요한 것은 어떤 반응이 어느 만큼의 속도로 일어나는가 하는 점이었고, 그것을 확실히 결정할 수 있게 되었네」

—A원자와 BC분자가 반응을 일으켜, AB분자와 C원자가 되는 반응(A+BC→AB+C)을 생각해 보자. 예를 들면 염소A와 수소분자BC가 염화수소분자AB와 수소C가 되는 반응이다.

먼저 문제가 되는 것은 B와 C가 서로 끄는 힘과 A와 B가

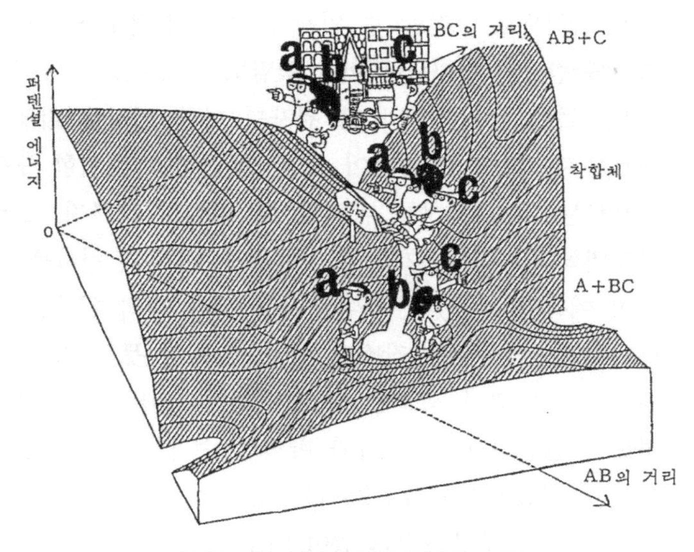

〈그림 31〉 화학반응의 에너지 그림

서로 끄는 힘이다. 강한 힘이 작용할수록 결합하기 위해 에너지가 쓰이기 때문에 전체 에너지가 내려가므로 에너지가 낮은 편으로 반응이 진행되리라는 것은 추정된다. 그러나 반응을 일으키기 위해서는 외부에서 에너지를 주어야 한다. 그것을 활성화(活性化)에너지라고 한다.

그런데 활성화 에너지란 A, B, C 세 원자를 낱낱으로 흐트러지게 하고 섞는데 필요한 에너지이다. 사실은 A, B, C가 하나의 분자가 되었다고 생각하는 편이 옳다. 아이링은 이것을 착합체(錯合體)라고 이름 붙였다. 착합체의 에너지는 BC분자, AB분자의 에너지보다 크다. 이때에 앞서 얘기한 에너지 그림을 가로에 반응방향을, 세로에 퍼텐셜 에너지를 잡고 고쳐 그리면 A와 BC로부터 AB와 C로 반응하는 과정 사이에 착합체의 산이 생긴다.

더 알기 쉽게 하기 위해서는 B와 C의 거리와 A와 B의 거리를 가로, 세로의 축으로 잡고 같은 점을 연결하여 등고선(等高線)지도를 만들면 된다. 그러면 BC간의 거리가 짧은 가로축으로 기운 것과 AB간의 거리가 짧은 세로축으로 기울어진 분자가 생긴다. 이들은 BC분자, AB분자가 생긴 지점이다. BC분자의 분지로부터 AB분자의 분지로 가는데는 아무래도 중앙의 언덕을 넘어야 한다. 여기가 착합체가 있는 장소이다. 건너야 할 언덕 위치를 알면 반응속도도 구해진다. 그러기 위해서는 최초의 분자와 착합체 분자 속의 전자의 상태를 알아야 하며, 여기서 양자역학이 활약하게 된다.—

B:「그렇다면 반응속도는 분자구조와 관련이 있겠군」

A:「그렇지. 분자구조를 결정하여 반응속도를 유도하는 방법도, 거꾸로 반응속도를 실제로 측정하여 분자 속의 전자 역할을 조사하는 방법도 나오게 되지. 이렇게 분자구조와 화학반응의 양쪽에 걸쳐 앞뒤를 맞춰보려는 분야가 양자역학과 화학을 결부시킨 양자화학이라 불리네」

3. 고체 속의 바다

소리와 결부되는 열 현상

B:「분자 이야기 다음에는 분자가 모여 만들어진 물질 이야기를 듣고 싶네. 기체를 분자의 집합으로 취급함으로써

열 현상이 잘 설명되는데서 분자가 등장하기 시작한 모양인데, 액체나 고체에 대해서도 분자까지 거슬러 올라가면 갖가지 이점이 있는가?」

A: 「기체 속에서는 분자가 제멋대로의 운동을 하고 있기 때문에 통계적으로 취급할 수 있었지. 반대의 경우는 고체로서 여기에서는 분자가 규칙적으로 배열되어 있고 아주 잘 조사되어 있어서 흥미 있는 일이 많네. 그런데 중간이 되는 액체는 꽤 까다로워서 특별한 경우를 제외하고는 이렇다 할 결과가 나오지 않아. 그래서 다음에 고체에 대해서 얘기하겠네」

B: 「고체의 성질에 대해서는 예전부터 여러 가지로 알려지지 않았는가」

A: 「고체의 성질을 알았다고 해도, 왜 그런지 이유를 모르는 것이 많았네. 예를 들면 비열(比熱)이든 전기저항이든 양자역학의 도움을 빌리지 않으면 설명할 수 없네」

—고체의 비열을 설명하기 위해 분자까지 거슬러 올라가 규칙적으로 배열된 분자가 그 위치에서 미세한 진동을 한다고 생각된다. 레일리 경이 흑체 상자의 복사 진동에서 설명한 것 같이 분자당의 진동에 각각 동등한 에너지가 필요하다고 생각하면 분자 1몰에 대한 비열이 구해진다. 이 답은 6cal인데 실제로 확인되었다. 이것은 비열의 설명에 분자수준에서 성공한 예라고 생각되었다. 그러나 곧 결점이 드러났다.

그 결과 밝혀진 분자비열은 온도에 무관계한 값이 되는데, 진짜 비열은 온도를 낮추면 작아진다.

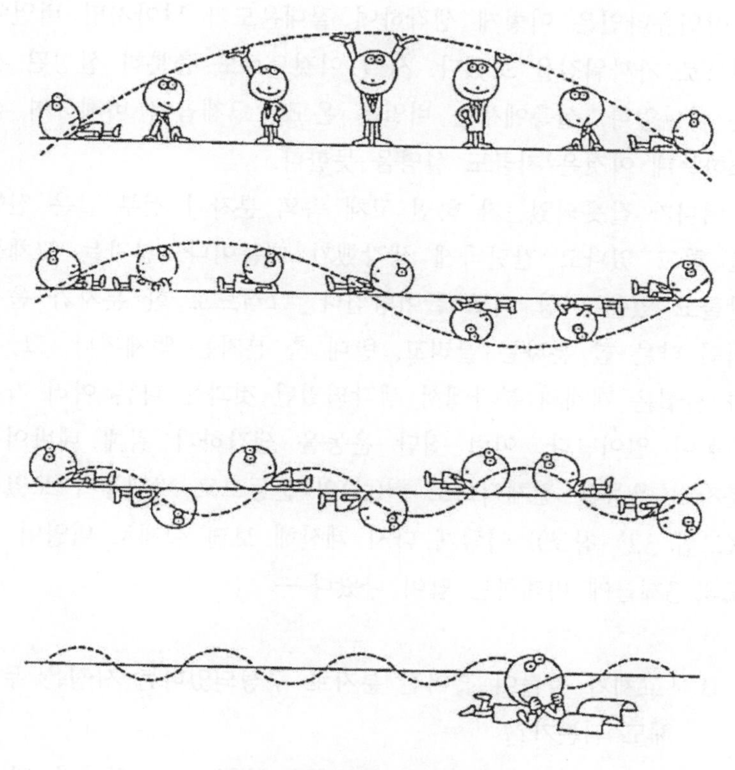

〈그림 32〉 분자와 현의 진동

그 이유도 흑체 상자에 대한 플랑크의 해명과 비슷하였다. 그것은 분자의 진동도 다름 아닌 불연속적인 에너지의 출입이기 때문이었다. 온도를 내리면 열에너지는 얼마든지 작아진다. 그런데 그 에너지를 받아들이는 쪽의 진동은 어느 단위량의 정수배 에너지의 출입밖에 허용되지 않으므로 적당히 낮은 온도에서는 고체가 에너지를 받아들이지 않을 가능성이 나온다. 따라서 비열의 값이 감소한다.

아인슈타인은 이렇게 생각하여 절대온도가 낮아지면 비열이 영으로 가까워짐을 보였다. 사실 이것으로도 충분히 설명된 것은 아니었다. 실측에서는 비열은 온도의 3제곱에 비례하여 감소하는데 이것은 지금도 설명을 못한다.

어디가 잘못되었는가 하면 고체 속의 분자가 전부 같은 진동을 하고 있다고 간단하게 생각했기 때문이다. 분자는 고체를 만들고 있는 이상 서로 끌어당긴다. 그러므로 한 분자가 움직이면 다른 한 분자는 끌리고, 반대 측 분자는 억제된다. 그 결과 사실은 개개의 분자에서 생각되었던 것과는 다른 여러 가지 진동이 일어난다. 이런 집단 운동을 생각하기 위해 데바이는 분자의 운동을 전체적으로 현(弦)의 운동으로 바꿔놓아 보았다(〈그림 32〉 참조). 이렇게 다시 계산해 보면 실제로 비열이 온도의 3제곱에 비례하는 답이 나왔다.—

B: 「고체가 뿔뿔이 흩어진 분자로 구성되었다는 사정은 무시해도 되는가?」

A: 「실제 분자의 진동과 데바이의 현(弦)과는 차이가 있네. 진동의 파장을 짧게 해가면 현은 얼마든지 조밀한 마디가 배열되는 진동을 생각할 수 있는데, 분자의 배열은 그렇지 않네. 마디는 분자의 위치 이상으로 조밀하게 잡지 못하기 때문이지. 그러나 파장이 긴 진동에서는 분자가 떨어져 있는 것은 무시되네. 지금 문제로 하고 있는 것은 아주 낮은 온도에서의 열에너지와 진동 에너지의 주고받는 비교일세. 에너지 양자는 진동수에 비례, 즉 파장에 반비례하네. 그러므로 불연속이 될 수 있는 대로 조밀하

게 되는, 파장이 긴 부분만 생각하면 되는 거야. 데바이의 대담한 바꿔치기가 성공한 이유일세」

B:「고체를 구성하는 분자가 전체적으로 진동한다는 것은 음과 같이 보통 탄성파(彈性波)와 비슷하게 느껴지는데」

A:「그렇고 말구. 음의 원인이 되고 있는 탄성파와 똑같은 걸세. 들릴 만한 크기는 아니지만 음파라고 해도 되네. 결국은 음파가 양자로서의 성격을 가졌다는 것이 고체의 비열 문제를 푸는 열쇠였네」

전자의 바다

B:「고체 속에서는 분자가 규칙적으로 배열되어 서로 결합된다고 해서 그렇구나 생각했지만 잘 모르겠네. 분자와 분자가 결합되는 원인에 대해서는 아무 것도 말해주지 않았지 않는가?」

A:「그렇게 생각하겠지만, 사실 바탕은 거의 얘기했을 걸세. 고체는 분자가 규칙적으로 배열된, 즉 고체=결정이라고 말한 것도 올바르지 못하네. 유리나 플라스틱, 목재, 섬유 따위는 고체이지만 결정이 아니야. 대부분은 아주 큰 분자(고분자)여서, 결국은 분자와 같은 방식으로 생각할 수 있지. 생체 내의 물질 인 아미노산이나 핵산 등도 그런 부류에 넣어도 되네」

—그런데 결정된 고체의 구성방식은 크게 나눠 세 가지가 있다. 이온결합, 등극결합(等極結合), 금속결합이다. 분자의 결합

에 이온결합과 공유결합이 있었는데, 고체의 이온결합과 등극결합도 같이 생각하면 된다. 그러나 금속결합은 사정이 특수하다. 예를 들면 나트륨금속인 경우에 각 나트륨원자로부터 동원되는 가전자는 1개이므로 두 원자끼리는 2개의 전자스핀을 반대로 회전시켜 하나의 판을 만드는 공유결합을 한다고 생각하면 더 많은 원자가 딱딱한 고체를 만든다는 것이 이해하기 어렵다. 그러기 위해서는 벤젠 속을 돌아다니는 자유전자를 생각할 필요가 있다. 금속 내의 나트륨 가전자는 꼭 이와 비슷한 역할을 한다. 가전자는 두 원자심을 결합시킬 뿐만 아니라, 다시 제3의 원자심도 결합시켜야 한다. 그리하여 자꾸 원자를 모아가면 가전자는 모든 원자심과 관계가 있게 된다. 양자역학에서 쓰는 용어로 말하면 가전자의 확률 구름은 나트륨금속 전체를 덮어쓴다.—

B:「분자의 경우는 원자구름을 생각하는 방식도 있었고, 분자 구름을 생각하는 방식도 있었지만 금속에서는 분자의 구름만이 중심이 되는 건가?」

—여기서 공간적인 추적을 그만두고 에너지 그림으로 생각해보자. 먼저 수소원자의 경우는 전자가 최저 에너지 상태에 있으면 수소원자의 최저준위(에너지 그림에서는 제일 밑의 수평선)만을 주목하면 된다. 다음에 수소분자이온을 생각하면 앞서 얘기처럼 전자에 두 가지 상태, 즉 같은 부호의 파동함수가 겹친 것과 반대 부호의 파동함수가 겹친 것이 생긴다. 에너지 준위는 둘, 에너지 그림에서는 수평선이 둘이 된다. 수소분자에서

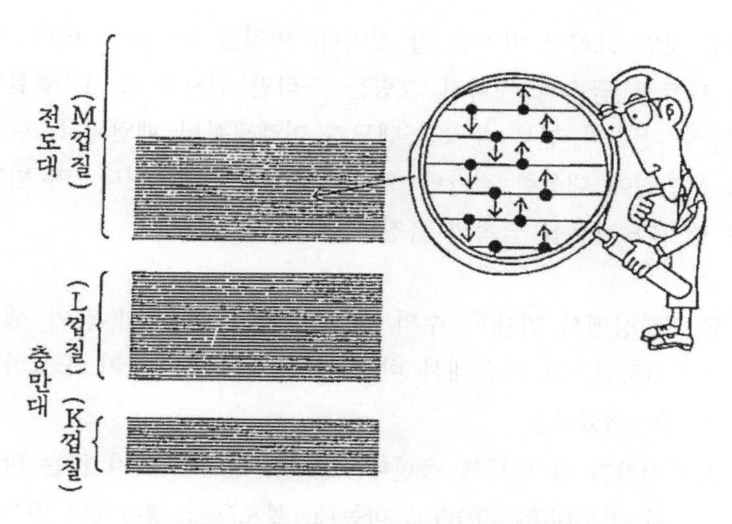

〈그림 33〉 나트륨의 에너지 그림에서의 밴드

는 전자가 둘이 있는데, 스핀의 회전방식을 반대로 하여 둘 다 먼저의 두 가지 에너지 상태로 되어버린다. 이런 점에서는 수소분자이온도 수소분자도 변함이 없고 하나하나의 전자를 별개의 것으로 생각해도 된다. 하나하나의 전자가 분자 전체를 도는 구름이라는 생각이 허용되는 것은 그 때문이다.

이런 방식으로 나트륨 금속을 생각하면 원자수가 대단히 많기 때문에 에너지 준위도 그 수만큼 늘 것이다, 가전자를 이들 준위에 좌, 우로 회전방식을 반대로 채워가며 정확히 준위의 반까지 채워지게 된다.

다음에 나트륨원자심 속의 전자를 생각해 보면, 원래 회전이 반대인 전자가 있기 때문에 결정이 되었어도 그에 대응한 부분의 준위는 아래로부터 위까지 전부 차버린다. 결정 내의 원자수는 아주 크므로 그 준위는 서로 접근된 선이 되어 전자가 채워진 곳만 그리면 띠처럼 될 것이다. 이것을 밴드라고 한다. 결국 나트륨 금속의 에너지 그림을 그리면 원자의 K, L 껍질에 대응한 전자가 전부 채워진 밴드가 아래로부터 배열되고, 다음에 M껍질에 대응한 절반만 채워진 밴드가 오게 된다. 이 반만 찬 밴드가 나트륨 금속의 특징이 되고 있다.—

B: 「결정에서 막대한 수의 전자가 꽉 찬 바다의 층이 생긴 거로군. 그 가운데서 바닷물이 반만 찬 바다가 중요하다는 거겠군」

A: 「전자가 찬 바다를 충만대(充滿帶), 전자가 차지 않는 바다를 전도대(傳導帶)라고 하는데, 블로호가 생각해낸 밴드이론 덕분에 고체를 취급하는 방법이 아주 쉽게 되었네」

고체물리와 일렉트로닉스

B: 「전자의 바다가 차지 않는 띠를 전도대라고 하는 이유는 무엇인가?」

A: 「자네도 알다시피 금속은 전기의 양도체인데 왜 양도체인가는 이 밴드와 관계가 있네」

—외부로부터 전기장을 걸었을 때, 전자가 가속되어 고체 속을 운동하는 것이 전도(傳導)이다. 이것을 에너지 그림에서 말하면 전자가 한 에너지 준위로부터 빈 준위로 뛰어오름으로써 일어난다. 여기서 두 가지 경우를 생각해 보자. 하나는 전자가 밴드에 부분적으로 차 있고, 또 하나는 밴드에 전자가 전부 차 있어서 그 위의 밴드는 아주 비었다고 하자. 먼저 경우에는 같

은 밴드 안에서 채워진 곳과 빈 곳이 많이 접촉되어 존재한다. 그러므로 전기장으로 근소한 에너지를 주어도 전자는 비어 있는 준위로 이동할 수 있다. 그런데 나중 경우에는 전자가 있는 어느 밴드에도 빈 곳이 없다. 빈칸에 들어가기 위해서는 아주 비어 있는 다른 밴드로 가야 한다. 고체 속의 여러 밴드는 서로 간격을 두고 떨어져 있다. 따라서 다른 밴드로 뛰어올라 그 밴드의 빈칸에 들어가기 위해서는 그 사이에 있는 간격분만큼 에너지가 많이 공급되어야 한다. 그러므로 밴드가 얼마만큼 차 있는가 하는 것이 양도체인가 절연체인가의 기준이 된다. 전자의 바다가 차지 않은 밴드가 전도대라고도 불리는 것은 이 때문이다.—

B:「밴드와 밴드 사이의 간격이 중요한 것은 알겠는데 그건 어떻게 해서 생기는가?」

A:「이것이 밴드를 생각하는데 제일 중요한 점이지. 한마디로 말하면 원자가 결정구조를 취하고 있기 때문이네」

—X선을 결정에 쪼이면 파장과 방향에 따라 X선을 투과하는 곳과 투과하지 않는 곳이 있다. 전자선도 파동이라고 생각하면 마찬가지다.

그래서 전자가 고체 속을 멋대로 돌아다니는 경우를 생각해 보자. 고체임을 무시하면 전자의 에너지 그림은 아래로부터 위까지 쭉 연속된 절단선이 없는 띠가 될 것이다. 그런데 결정을 생각하면 어떤 정해진 파장과 정해진 방향의 물질파는 멋대로 빠져나갈 수 없고 반사된다. 그렇게 되면 물질파에 해당하는 전자는 자유롭게 운동할 수 없고, 에너지 그림의 연속된 띠에 절단선이 생긴다. 이 때문에 밴드와 밴드 사이에 간격이 나타난다.

그렇긴 해도 도체와 절연체가 뚜렷이 구별되는 것은 실은 절대0도 때 만이다. 온도가 올라가면 충만대에 있는 전자가 열에너지를 얻고 간격을 뛰어넘어 빈 밴드에 들어간다. 이 전자는 이번에는 자유로이 동작할 수 있으므로 양도체와 비슷한 성질을 나타낸다. 뿐만 아니라 충만대에서 전자가 빠진 빈칸도 활동을 시작한다.

빈칸은 충만대 속의 전자와 제멋대로 바꿔치므로 관점을 달리하면 충만대는 빈 자리를 제외하면 허공이라고도 하겠다. 허공 속의 빈칸은 의미가 없지만 가득 찬 가운데 빈자리는 충분히 의미가 있다. 인사이동은 평사원에서 계장, 과장, 부장, 전무, 사장으로 승진해 가는데, 그때마다 빈 자리는 사장으로부터 평사원으로 내려간다. 빈자리라는 사원은 언제나 강등을 좋아한다. 이와 같은 이치로 전자의 빈자리는 꼭 반대의 전기량을 갖는 입자처럼 운동하며 충만대 속을 자유로이 운동한다. 따라서 빈자리에 따라서도 양도체를 닮은 성질이 나타난다.

밴드 간격은 작고 비교적 낮은 온도에서 전자와 구멍〔빈자리, 즉 정공(正孔)〕이 생기는 것은 진성반도체라고 불리는 순수한 저마늄이나 규소이다. 그런데 보통 반도체라고 불리는 것은 결정 속에 다른 불순물이 들어간 불순한 반도체를 말한다.

저마늄은 보통 전도대에 전자를 갖지 않는다. 각 원자는 각각 8개의 가전자를 내서 2쌍의 전자쌍으로 이웃끼리 공유결합하고 있다. 이들 전자가 만드는 에너지 그림은 충만대를 메운

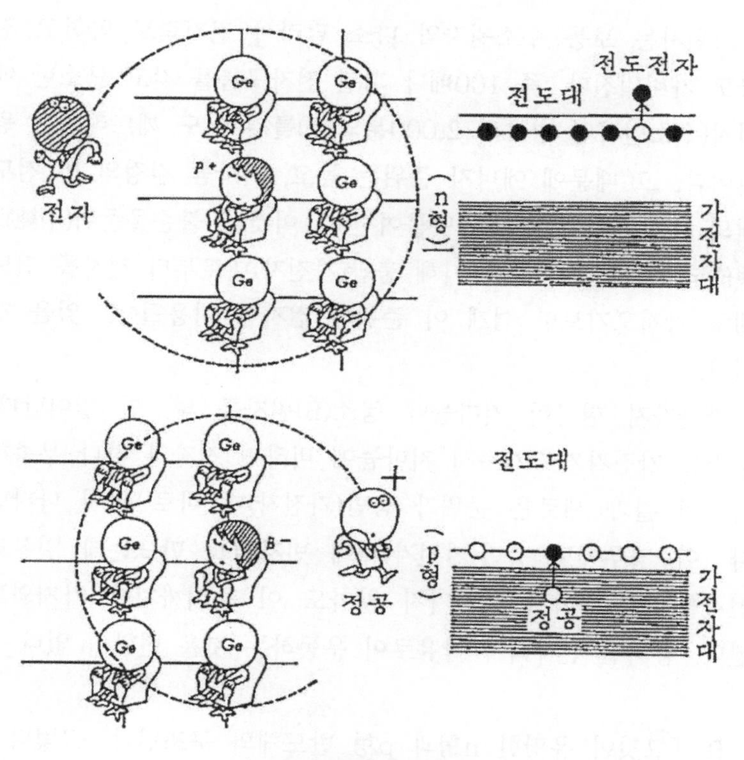

〈그림 34〉 불순물 반도체

다. 반도체에서는 제일 위의 충만대를 가전자대(價電子帶)라고 한다. 그러므로 본래는 절연체이다.

저마늄 속에 다른 원자, 예를 들어 인(P)원자가 들어가면 그 부분의 결정은 흩어진다. 인원자는 9개의 가전자를 가졌으므로 이웃한 저마늄원자와 공유결합에 의하여 결합하려 해도 가전자 1개가 남는다. 저마늄으로 둔갑한 인 부분은 단위의 양전기를 갖고, 동떨어진 가전자를 생각하면 인과 저마늄 집단은 저마늄 집단과 수소원자라고 고쳐 생각할 수 있다. 저마늄 속에 있는 수소원자는 보통 수소원자와 다소 달라서 전기력도 약하고 전자도 가벼워진다. 즉 100배나 퍼진 전자구름을 갖고 근소한 에너지(수소원자인 경우의 2,000분의 1)를 주어도 깨뜨려지는 원자이다. 그 때문에 에너지 준위는 높고, 저마늄 결정의 빈 전도대의 바로 아래 부분에 덧붙여진다. 이것을 불순물준위(不純物準位)라고 부른다. 열을 가해 충만(가전자)대로부터 전자를 전도대로 가져오기보다 쉽게 이 준위의 전자가 이용될 수 있을 것이다.

마찬가지 현상이 저마늄에 붕소(B)원자를 넣으면 일어난다. 붕소는 가전자가 7개로서 저마늄에 비하면 전자가 하나 부족하다. 이 결과 새로운 준위가 충만(가전자)대 바로 위에 나타난다. 이 경우에도 충만(가전자)대에 빈자리를 만드는데 일부러 전자를 전도대까지 가져가지 않아도 이 준위까지만 가져와도 된다. 남겨진 빈자리가 자유로이 운동하는 것은 변함이 없다.—

B:「그것이 유명한 n형과 p형 반도체의 구조인가. 그렇다면 반도체란 고체의 벤드 이론이 올린 성과라고 해야겠군」

A:「그 응용으로서 트랜지스터에 대해서 얘기해야겠지만 다른 기회에 미루기로 하겠네. 아무튼 고체물리학의 중요한 점을 알았으리라 생각되네」

4. 원자핵 속으로

과학의 처녀지

B:「지금까지의 얘기로는 양자역학에서 전자는 주인, 광량자는 안주인이라는 느낌이 들고 원자, 분자, 고체라는 손님을 접대해온 것처럼 생각되는데 어떤가?」

A:「고체에서는 그 밖에, 예컨대 비열에서 나오는 "음의 양자"나 그와 비슷한 것도 나오지만, 전자를 중심으로 생각하면 그렇게 생각해도 되겠네. 그러나 조건부라면 양자역학은 좀 더 다른 경우에도 충분히 쓸모 있네. 그것은 원자심의 심이 되는 원자핵 속에서 쓸모 있어. 조건부란 양자역학이 어디까지라도 적용이 되는 것이 아니라는 뜻을 포함한다는 이야기로서 자세한 얘기는 나중에 하겠네」

B:「원자핵을 러더퍼드 경이 발견하였다는 얘기 외에는 아무것도 듣지 못했네」

A:「원자핵에 관한 여러 가지 현상은 막상 원자핵이 발견되기 전부터 알려졌네. 방사선을 낸다는 것, 질량만이 다른 동위원소가 있다는 것 등도 일찍 알려졌고, 원자핵이 발견되자 그것을 인공적으로 변환할 수 있게 되어 더욱더 그 지식이 늘어났지. 그러나 원자핵을 정말 알게 된 것은 1932년 이후일세」

B:「양자역학이 완성되기를 기다린 건가?」

A:「아니, 양자역학을 적용할 상대가 분명하지 않았기 때문일세」

—1920년대에 이르기까지 원자핵이 무엇으로 구성되었는가 짐작도 하지 못하는 상태였다.

원자핵 가운데서는 수소원자핵이 제일 가볍고 그 밖의 원자핵은 대략 그 정수배에 가까운 질량을 가지고 있다. 그러므로 간단하게 말하면 원자핵을 만드는 재료는 수소원자핵이다. 이것은 단위의 양전기를 가졌기 때문에 양성자라고 이름이 붙었다.

그런데 원자핵의 전기량을 나타내는 원자번호와 양성자 질량의 배수인 질량수를 비교하면 원자번호가 약 반이 되는 작은 값이다. 이것은 원자핵이 양성자만으로 만들어졌다고 하면 원자번호와 질량수가 일치할 것이므로 이치에 맞지 않는다. 그래서 손쉬운 전자를 원자핵 속에 가져가 보았다.

전자는 무게가 양성자의 2,000분의 1로서 무시할 수 있으므로 질량수와 원자번호의 차만큼 전자를 더해도 어쨌든 앞뒤가 들어맞는다. 그러나 이래도 아직 약점이 드러났다. 예를 들면 원자핵의 자기능률(磁氣能率)은 전자의 1,000분의 1이하로서 원자핵 속에 들어간 전자가 모두 회전방향이 거꾸로 되어 쌍을 이루고 자기능률이 작용하지 않게 되어 있어야 한다. 그러나 질량수와 원자번호의 차가 언제나 짝수일 수 없으므로 결국은 그렇게 되기는 무리이다. 양성자도 전자도 같은 스핀을 가지므로 양성자와 전자를 함께 우회전, 좌회전의 쌍을 만들어 가면 마지막에는 원자번호가 짝수인가 홀수인가에 따라 쌍이 완성하든가 우회전이나 좌회전의 외톨이가 남을 것이다. 그런데 사실은 오직 질량수가 짝수인가 홀수인가에 따라 남는다. 그것과 원자번호의 차와는 전혀 관계가 없다. 이런 점에서도 전자를 원자핵에 넣을 수 없었다.

그리하여 1932년에 대망의 중성자가 발견되었다. 곧 하이젠베르크는 원자핵은 양성자와 중성자로 구성된다고 가정하면 모든 문제가 풀린다고 들고 나섰다. 원자핵을 구성하는 양성자와 중성자는 전기적 성질 이외는 꼭 닮은 형제이므로 합쳐 핵자(核子)라고 불린다. 이리하여 양자역학을 써서 원자핵을 알아볼 수 있게 된 것이다.—

A:「원자핵은 원자의 10만분의 1밖에 안 되는 크기이므로 양자역학이라도 적용되는지 모르지만 앞서 얘기한 것 같이 가모브가 알파입자 문제에 아주 교묘히 사용한 예도 있네. 실제 양자역학 덕분으로 대단히 많은 사실이 설명되지. 재료가 되는 핵자에 관한 문제를 따로 치면 원자핵에 대해서는 대부분이 양자역학으로 완전히 요리된다고 해도 되네」

핵 속의 마법수

B:「원자, 분자와 원자핵을 비교하면서 생각하는 경우 제일 큰 차이점은 무엇인가?」

A:「그건 첫째 작용하는 힘이 다르네. 원자, 분자에 작용하는 힘은 전기적인 힘으로 예전부터 잘 알려졌지. 그런데 원자핵 속에서 작용하는 힘은 엄청나게 크고, 원자핵 정도 크기의 거리 이상으로는 도달되지 않는 성질을 가졌고, 더욱이 아직 정체조차 완전히 밝혀지지 않았어. 둘째로 원자, 분자에는 원자심이나 이온 같은 중심이 있고, 전자의 운동을 그에 관련지어 생각할 수 있었는데, 원자핵에

는 핵자만이 모여 있고 중심이 없네」

B: 「그러면 전자와는 전혀 다르게 생각해야 하는가?」

A: 「그런데 원자핵은 원자와도 분자와도 기체와도 액체와도, 또한 고체와도 아주 닮은 점이 있어. 무엇과도 닮았고, 실은 아무와도 닮지 않았다고 해야 할지 모르겠네」

—원소의 주기율표를 설명하는데 원자 내의 전자가 껍질을 만든다는 이론을 바탕으로 하였다. 파울리의 금지법칙과 에너지의 낮은 쪽이 안정하다는 원리를 쓰면 8원소와 18원소의 단, 장주기, 란타넘 계열 등이 설명된다. 결국 원자 내의 전자는 2, 10, 18, 36, 54, 86에서 껍질이 닫혀 있다고 생각해도 된다.

원자핵의 여러 가지 성질을 조사하면 중성자, 양성자수가 각각 2, 8, 20, 50, 82, 126이 되면 성질이 극단적으로 변하는 것을 알게 된다. 예를 들면 이 수 이하의 핵자는 강하게 결합되는데도 이 수와 더해진 핵자는 약하게 결합한다. 즉 마침 원자의 전자껍질에 해당하는 것이 원자핵 내의 양성자, 중성자 각각에 있게 된다. 이 숫자는 마법수라고 불리는데, 확실히 이런 수가 나타나는 것은 원자핵에 마술이 걸렸다고 생각할 수밖에 없다.

원자는 원자핵이라는 심이 있으므로 이것을 둘러싸는 껍질이 생기는 것은 이해되지만 원자핵에는 아무것도 없다. 에너지 그림에서 가로에 중심으로부터의 거리를 잡으면 원자는 중앙에 바닥이 없는 나팔꽃 모양의 퍼텐셜 에너지가 있고 그 안에서 아래로부터 순차적으로 에너지 준위가 생긴다. 아래쪽부터 준위 사이의 간격이 비교적 넓은 곳을 나눠가며 2, 10, 18이라

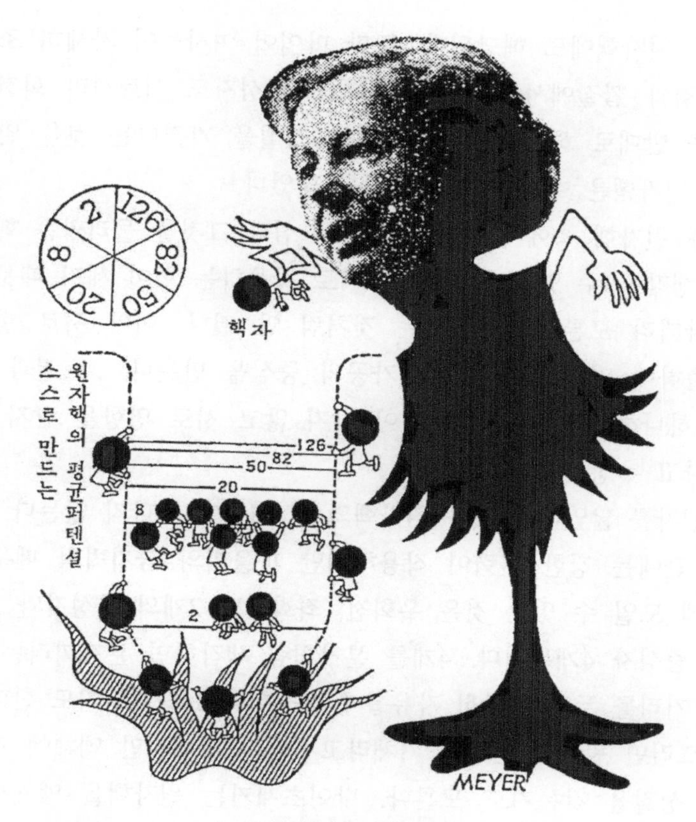

〈그림 35〉 핵 속의 마법수

는 주기율의 수가 나온다.

원자핵도 이러한 전체를 지배하는 퍼텐셜 에너지가 있는지 어떤지 의심스럽지만, 아무튼 원자와 견주어 보면 퍼텐셜 에너지 모양을 닮아 2, 8, 20까지는 유도된다. 그 위의 50, 82, 126도 원자에서 쓰이는 다른 방법을 흉내 내어 연구해 보면 잘 설명이 된다.

원자 껍질에 전자가 우회전과 좌회전이 쌍이 되어 찬다는 상황은 원자핵에도 해당된다. 또한 마이어 여사들이 자세히 조사한 결과 껍질에서 밀려난 양성자도 중성자도 서로끼리 회전방식을 반대로 해가면서 쌍이 되는 성질을 가졌다는 것을 알았다. 원자핵은 예상 밖으로 원자를 닮았다.

왜 원자핵 속에서도 중심이 되는 심과 그것을 둘러싸는 핵자를 생각할 수 있을까? 핵자는 서로 작용하는 힘이 세기 때문에 전자끼리 모른 척 운동하는 것처럼 안 된다. 아마 서로 힘을 공출하여 전체를 지배하는 가공의 중심을 만든다. 그 결과 핵자 하나하나에는 그다지 힘이 남지 않고 서로 영향을 받지 않는다고 추정된다.

원자를 닮았다는 것은 원자핵의 한 얼굴에 지나지 않는다. 핵자 간에는 강한 인력이 작용하지만 파울리의 금지법칙 때문에 한데 모일 수 있는 것은 우회전, 좌회전의 2개의 양성자와 2개의 중성자 4개뿐이다. 4개를 분자처럼 생각하면 분자끼리는 서로 거리를 두고 상당히 자유롭게 운동한다고 생각되기도 한다.

그러면 원자핵 전체는 기체라고 할 수 없겠지만 액체에 가까운 성질을 갖는지도 모른다. 바이츠재커는 원자핵을 액체라고 생각하여 에너지를 구해보았다. 놀랍게도 대부분의 원자핵은 이 간단한 식에 부합되었다. 액체도 원자핵의 또 다른 얼굴이라 하겠다.—

B: 「원자핵에는 극단적인 두 얼굴이 있다는 얘기군. 한편에서는 핵자는 가공의 중심 주위를 마음대로 운동하고, 한편에서는 중심이 없는 대신에 핵자끼리 서로 데리고 다니는가? 대체 어느 쪽이 진실에 가까운가?」

새로운 불의 화학

A:「원자핵 속을 살피는 방법을 조금 알아본 다음에 다시 생각해 보세」

—원자핵에 다른 원자핵을 충돌시키면 새로운 원자핵이 생기는 것을 알아차린 것은 러더퍼드 경인데 중성자를 써서 조직적으로 연구하기 시작한 것은 페르미였다. 이것은 앞서도 얘기했다.

중성자를 원자핵에 충돌시키면 여러 가지 일이 일어난다. 원래대로 중성자와 원자핵이 되는 것과 중성자가 원자핵에 잡히고 대신 감마선이나 수소, 헬륨 같은 가벼운 원자핵을 방출하는 것이 있고, 원자핵이 거의 둘로 쪼개지는 경우도 있다.

비교적 질량수가 작은 가벼운 원자핵을 표적으로 하여 중성자의 속도를 여러 가지로 변화시켜 충돌시킨다. 속도가 늦은 동안은 결과는 거의 변함이 없고 중성자의 진로가 휘어질 뿐이다. 그런데 속도가 커지면 적당한 속도인 경우만이 그에 가까운 속도의 중성자에 비해 휘어지는 비율이 엄청나게 커지는 현상이 나타나게 된다. 휘어지는 비율에 큰 산이 있으며 이것은 공명(共鳴)하는 산이라 불린다. 자꾸 속도를 크게 해주면 공명의 산은 많아져 산 또는 산이라는 산악지대에 들어간 느낌이 난다. 동시에 중성자의 역할을 대신하는 것도 나오게 된다. 더 빠른 중성자를 사용하면 산은 밀접하여 전체가 한 덩어리의 산괴(山塊)가 되어 완만한 모양을 한 산의 모양을 나타내게 된다.

원자핵과 중성자를 충돌시킨 결과를 이해하기 위해서 보어는 원자핵을 물방울로 보는 관점을 취했다. 중성자는 원자핵에 충돌하면 원자핵, 속에 잡힌다. 그 속에서는 핵자가 서로 강하게 간섭하므로 중성자의 에너지는 마치 소문처럼 원자핵 전체에 퍼진다. 물방울이 에너지를 얻으면 온도가 상승하여 증발하는 현상을 일으키듯 중성자 에너지를 얻은 원자핵은 자극을 받아 어느 핵자에 에너지가 모인 결과 밖으로 튀어나간다고 보어는 설명하였다.—

B:「그렇다면 화학반응의 착합체(錯合體)와 비슷한데」

A:「그렇지. 보어는 복합핵(複合核)이라고 불렀지만 역사적으로는 이쪽이 먼저 나왔지. 또 이 이론은 다른 분야와 비슷한 점도 가지고 있어. 복합핵이 한번 만들어지면, 그것이 어떤 결과를 낳는가는 최초에 어떻게 복합핵을 만들었는가 하는 것과는 관계가 없어. 그러므로 여러 가지 도입구가 있는 도파관(마이크로파의 전도관)과 비슷하네. 마이크로파의 도입구가 중성자와 표적이 되는 원자핵이 되고 공동(空洞)은 복합핵이 되어 가능한 결과 모두가 도입구에 해당할 걸세. 그러므로 위그너는 마이크로파와 비교하여 채널이라는 생각을 사용하였네」

—복합핵 이론은 원자핵반응을 이해하는데 안성맞춤이었다. 그 때문에 공명의 산이 왜 생기는가도 알 수 있었다.

원자 속의 전자는 에너지 그림에서 퍼텐셜 에너지의 나팔꽃 입구에서 측정하면 마이너스 부분에 간격을 둔 선으로 나타난다. 플러스 부분은 연속되었고 전자가 원자핵에 구속되지 않는 상태를 나타내는 것은 앞에서 얘기했다. 복합핵의 퍼텐셜 에너

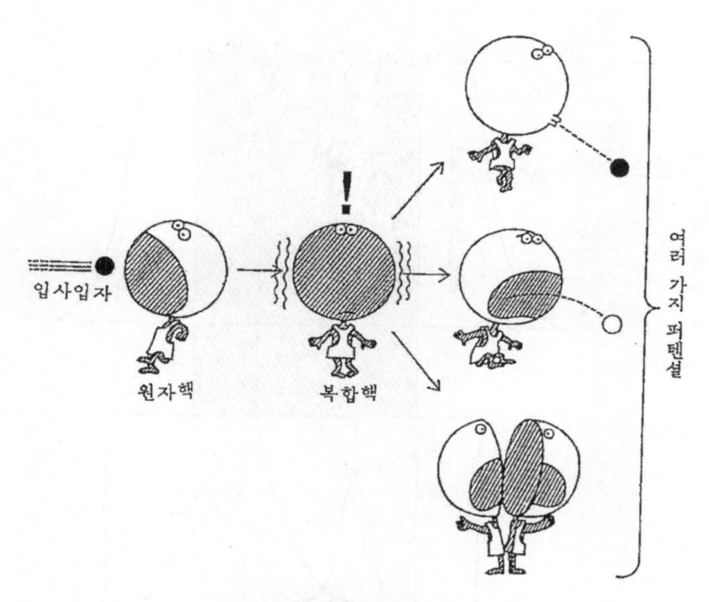

〈그림 36〉 원자핵 반응

지를 원자처럼 배열하면 이번에는 그 벽은 플러스의 부분까지 연장된다. 그 때문에 플러스의 에너지라도 불연속한 준위가 나타난다. 물론 이 에너지 준위에 있는 상태는 시간이 지나면 빈칸이 되는데 일시적으로는 실현된다. 복합핵에 이러한 준위가 있으면 특별한 에너지를 가진 중성자가 이 준위에서 잡히고 공명의 산을 나타나게 된다.

복합핵은 자극된 원자핵이므로 원자핵도 수소원자처럼 여러 가지 준위를 갖는 것을 알게 된다. 자극된 원자핵까지 포함하여 생각하면 원자핵의 구조를 알게 된다. 이들 준위는 원자처럼 간단하지 않고 여러 가지 내부구조에 대응하여 나눠서 생각해야 한다. 그것은 마치 분자의 스펙트럼선을 분석한 경우와

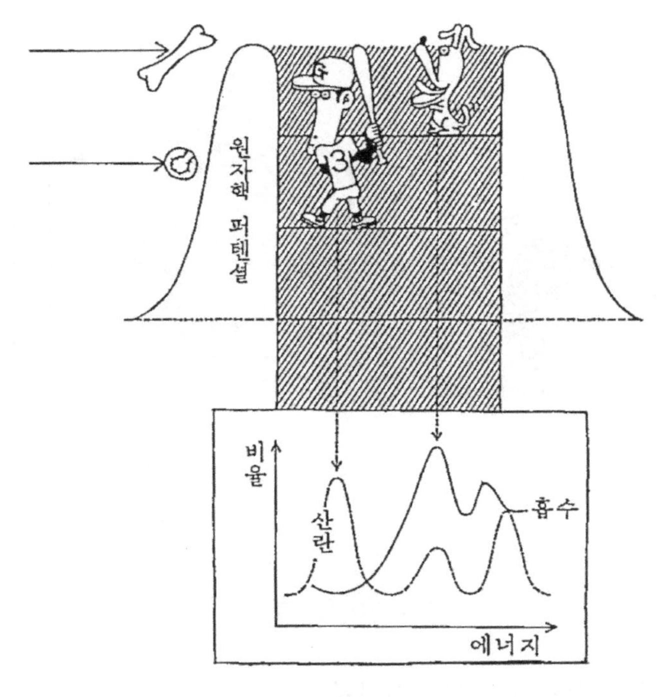

〈그림 37〉 핵의 공명준위

비슷하다. 분자의 스펙트럼선에는 원자에 의한 것 외에 원자끼리 진동하거나 회전하는 결과 나타나는 부분도 들어 있다. 마찬가지로 원자핵 준위에도 핵자의 운동에 의해 여러 가지 성질이 나타난다. 이런 사실로부터 원자핵 내부가 점차 밝혀졌다.

원자력, 즉 원자핵 분열도 앞에서 얘기한 반응 메커니즘의 하나이다. 우라늄 같은 무거운 원자핵은 중성자가 늦더라도 그에 대응하여 공명하는 준위를 갖는다. 그리하여 복합핵이 만들어지는데 거의 둘로 나눠지는 채널이 압도적으로 큰 비율을 차지하므로 핵분열이 일어난다. 화학반응에서 말하면 중성자는 활성화 에너지를 공급하여 우라늄분자보다 에너지가 낮은 분열 원자핵 몇 개의 분자가 되는 것이다.—

A:「그리하여 원자핵이란 사실 어떤 것인가 문제로 되돌아가는데, 딱 잘라 말할 수는 없어도 액체와 같은 집단적인 핵자의 운동이 중심이 되는데 단지 껍질 이론도 충분히 살려야 하네. 그리하여 보어의 아들 오게 보어는 양쪽을 겸한 통일이론을 생각해 냈는데 아직 완전히 끝장이 난 건 아닐세.」

B:「오늘은 여러 가지 많은 얘기를 들었군. 원자, 분자, 고체, 원자핵으로 대상은 나눠지지만 상호간에 비슷한 방식을 써서 알아보았다는 느낌이 드네.」

A:「그러네. 그러므로 양자역학은 여러 가지 과학 분야와 결부되는 걸세」

V. 양자는 가능성을 개척한다

〈반중성자의 창생(아래 화살표). 우리 세계와는 꼭 반대인 반세계가 있음을 나타낸다〉

1. 양자가 열어주는 세계

얼마든지 있을 수 있는 양자OO학

B:「자네에게 부탁한 양자역학 이야기도 이번으로 다섯 번째가 되었네. 덕분에 무척 새로운 지식의 바다를 헤엄쳐 나간 것 같이 생각이 드는데, 이쯤에서 결론을 내주었으면 하네. 양자역학은 여러 가지 새로운 분야를 개척해 왔다는데, 열기를 품은 현대과학 가운데서도 앞으로 실력을 발휘할 만한 것을 구체적으로 얘기해 주게」

A:「양자역학이 관련되는 분야라고 하면 너무 많아서 전부 얘기하려면 시간이 아무리 많아도 모자라지」

B:「어떤 분야가 있는가?」

A:「그럼 이름만이라도 들어 볼까?」

—소립자를 상대로 하는 소립자론에서는 "상대론적 양자역학", "장(場)의 양자론"이 중심이 된다. "양자 중간자역학"이라든가 "양자전기역학"이라고 구별하는 경우도 있고, 더 근본 문제와 관련시켜 시간, 공간과 결부된 "중력의 양자론", "양자시공론" 따위의 분야도 있다. 크기를 가진 소립자들을 예상하면 "회전체, 강체, 탄성체의 양자론" 등도 새로운 의의를 가지게 되는데 이것은 원자, 분자이론에서 사용했던 것이다. 원자핵이나 고체에서는 "양자역학적 다체문제(多體問題)가 활약한다. "양자통계역학"이 쓰이는 것도 이 분야이다. 액체 헬륨을 검토하는데 양자유체가 생각되고 "양자유체역학"이 태어났다. 트랜지스터로 대표되는 "고체 일렉트로닉스"에서도 양자역학이 활약

하는데 그 밖에 메이저, 레이저를 취급하는 분야를 "양자 일렉트로닉스"로 나눈다.

또 분자를 중심으로 하면 "양자화학"이라는 총칭 아래 "유기양자화학", "고분자양자화학" 등으로 세분되고, 특별히 양자역학이 표면에 나타나지 않지만 "고분자방사선화학" 등은 최근에 나온 재미있는 분야이다. 양자화학은 화학반응만을 주로 다루고 분자구조는 어디까지나 "분자의 양자역학"이라고 구분하는 사람도 있다. 생체고분자의 문제에 대해서도 고분자의 구조, 방사선에 의한 작용 등을 취급하는 부분을 "양자생물학"이라고 부르는 것이 최근 습관이 되었는데, 보어나 요르단이 주장한 무렵에는 현재의 "생물물리학이 전부를 의미 하였다. 실제 분자생물학의 진실 된 의미를 밝히는데 양자역학이 필요할 것이다. 이런 뜻에서는 "양자약리학"이라고 부르기도 한다.

양자역학의 논리의 골자만을 들어 "양자논리학"이라거나 "양자대수학"이라는 표현도 한때 나왔는데, 이것은 대수학의 특별한 분야라고 생각된다.—

B: 「정말 많군」

A: 「이것은 분명히 이름이 붙은 것만 들었을 뿐인데 물리학, 우주물리학, 화학생물학, 의학, 약리학, 공학 같은 학문 속에 양자역학이 의례 사용되고 있으므로 양자라고 이름을 붙일 수 있는 분야는 얼마든 있지」

미지와 모순의 사냥꾼

B: 「양자역학이 많은 분야에서 사용되는 이유는 결국 어느

분야이든 현상이 달라도 마찬가지로 전자를 추구하기 때문이라고 해도 되는가?」

A: 「몇 분야에서는 그렇게 생각할 수도 있네. 그러나 진짜 이유는 불연속적인 현상이나 파동과 입자 같이 전혀 다른 성질을 겸해 갖춘 대상을 취급하는데 양자역학이 적절한 방법이기 때문이네. 상대가 전자가 아니라도 비슷한 문제에 양자역학을 적용시켜보는 것은 쓸모없는 일은 아니지. 그렇다고 해서 양자역학이 만능이라 생각하면 잘못이네. 경우에 따라서는 양자역학으로도 이해 못하는 일이 나온다는 각오가 필요하네」

B: 「어느 부분에서는 양자역학을 쓰고, 다른 부분에서는 고전역학으로 처리한다는 경우도 있다는 건가?」

A: 「실제 문제로서 그런 방식이 좋은 경우도 있네. 양자역학을 구축해간 도중에서는 지금까지 얘기한대로 흔히 그런 방법이 취해졌네. 그건 양자역학을 쓸 상대와 고전역학을 써도 좋은 상대와의 관계가 언제나 문제가 되기 때문이었지. 가령 고양이를 죽이는 문제에서 말한 관측의 원리 등도 그렇네. 그러나 양자역학을 써야 하는 상대로부터 출발하였으면서 갑자기 고전역학이 쓰이는 일은 없어 여러가지 상대가 있을 때 이 상대에게는 양자역학을, 저 상대에게는 고전역학을 하는 식으로 갈라 쓸 수 있을 때에는 반드시 그에 부합되는 이치가 있을 걸세」

B: 「그렇다면 양자역학을 써야 하는 상대라면 그와 관련되는 현상은 특별한 이유가 없는 한 양자역학으로 생각해야 한다는 건가?」

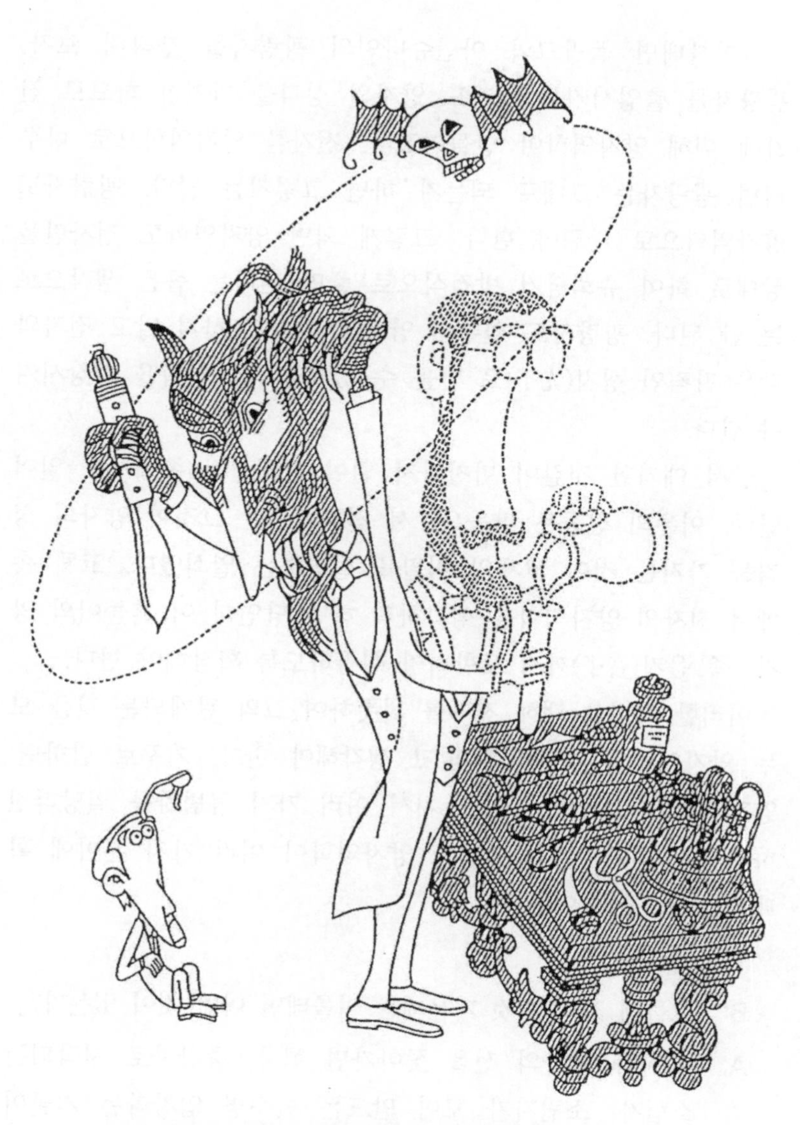

양자역학은 아주 다른 성질을 가진 것을 상대로 한다

—이를테면 플랑크와 아인슈타인의 광량자를 생각해 보자. 광량자를 출입시키는 전자도 양자의 성격을 가져야 하므로 전자에 대해 양자역학이 만들어졌다. 전자를 양자역학으로 다루려면 광량자는 그대로 되는가 하면 그렇지는 않다. 광량자도 양자역학으로 다뤄야 한다. 그렇게 되면 양자역학도 전자만을 상대로 하여 슈뢰딩거 방정식으로 풀면 된다는 좁은 생각으로는 안 된다. 광량자도 일부러 양자(量子)라고 하지 않고 전자와 같은 자격인 광자(光子)로 다룰 수 있게끔 양자역학을 확장시켜야 한다.

앞서 얘기한 것같이 마찬가지 일이 고체결정 속에서도 일어난다. 이온의 진동은 파동으로서 전파되지만 그것이 양자의 성격을 가지는 것이 고체의 비열을 설명하는 열쇠였다. 고체 속에서 전자의 양자역학을 생각하려 하면 당연히 이 흔들이의 양자, 즉 음자(音子)까지 포함시켜 취급하도록 확장해야 한다.

이러한 방법을 택해 전자를 비롯하여 그와 관계되는 것을 모두 양자역학의 테두리에 넣고 생각해야 한다. 거꾸로 말하면, 양자역학이 수사의 그물을 쳐서 여러 가지 공범자를 일망타진하려고 노리게 된다. 이것도 양자역학이 여러 가지 분야에 확대되는 또 다른 이유이다.—

B: 「그물에 걸리는 것 가운데는 이를테면 어떤 것이 있는가?」

A: 「전자와 광자의 선을 쫓아가면 핵자, 중간자로 시작되는 소립자, 소립자가 모여 만드는 단수명 입자라는 거물이 걸리지. 한편 전자와 음자(音子)의 선을 쫓으면 공공(空

孔), 여기자(勵起子), 편극자(偏極子), 강자자(强磁子), 플라즈몬, 와동자(渦動子)라는 이름만 들으면 뭔지 모르는 것이 나타나네. 이들은 소립자에 비하면 고체, 액체 속에서만 사는 송사리인데, 양자역학에서는 같은 자격을 가진 것들일세」

2. 양자역학의 종점

전자도 소멸한다

B:「양자역학이 완성하는 도중에서는 빛도 전자도 모두 파동과 입자의 이중성을 가진다는 비슷한 면이 중요시 되었는데도 완성된 이론은 전자만을 상대로 하는 양자역학이었네. 그래서 광자를 같은 자격으로 하려는 시도가 있었다는 얘긴데 왜 그런 길을 더듬어야 했는가?」

A:「그러면 양자역학의 줄거리를 도식으로 그려보기로 하세」

빛　　파동 → (아인슈타인) → 입자

↑

양자역학

↑

전자　　입자 → (드 브로이) → 파동

—가로 선이 양자론의 역사의 줄거리이다. 빛과 전자는 파동과 입자의 순서가 반대이다. 전자의 양자역학이 2차적으로 빛의 이중성을 설명한다. 이를테면 원자 내의 가전자(價電子)의

에너지 상태가 불연속이라는 결론으로부터 원자가 내고 들이는 빛의 양자성이 나타난다. 이것으로 대부분의 문제는 해결되는데 자유전자가 왜 빛을 입자 같이 튕기는지 콤프턴이 찾아낸 산란현상에 대해 전자만의 양자역학으로는 대답할 수 없다. 왜냐하면 이때 전자는 연속된 에너지를 갖기 때문에 전자만을 생각해도 불연속이라는 성질이 나타나지 않기 때문이다.

이것을 해결하기 위해 전자의 양자역학과 평행하여 빛의 양자역학을 생각할 필요가 생겼다. 그런데 이것은 상당히 까다로운 문제였다. 전자는 확률로 표현되는 파동이라 해도 대개의 현상에서는 그 수는 변함이 없지만, 광량자는 전자에 의해 자유로 출입되므로 일정한 수의 광량자만을 생각해도 의미가 없다. 언제나 여러 가지 수의 광량자의 상태 전부를 상대해야 한다. 하나 내지 몇 개의 전자를 상대로 하여 상태를 생각하여 슈뢰딩거 방정식을 푸는 것과는 사정이 다르다. 이것이 빛의 양자역학의 완성이 늦어진 이유였다. 빛의 양자역학에 암시를 준 것은 고체의 비열에 대해 데바이가 생각한 이론이다. 그가 이온의 진동을 현으로 바꿔놓고 몇 가지 기준이 되는 파동으로 나눈 것처럼 빛을 내는 전자기장의 진동도 기준이 되는 파동으로 나눠진다. 그 각각을 양자역학에서 전자의 가관측량과 비슷한 이론을 적용하면 그 결과는 흔들이의 경우와 같아지고 에너지는 진동수에 비례한 등간격인 값밖에 얻을 수 없게 된다. 즉 하나의 기준파는 그 진동수로 결정되는 광량자의 집단으로 표시되게 된다. 이렇게 되면 광량자도 분명히 광자라고 부르는 편이 낫다.

광자로 생각한 이론은 전자인 경우와 내용이 다르다. 전자에서는 위치나 운동량을, 상태를 결정하는 가관측량이라 생각하였다. 광자에서는 자기장이나 전기장이 상태를 결정하는 가관측량이 된다. 그러므로 보통의 양자역학과 구별하기 위해 이 수법을 두 번째의 양자화라고 한다.—

B: 「광자에서는 언제나 많은 집단 전부를 생각해야 한다는 것을 알았네. 그러나 원자나 분자에서는 전자는 소수라도 되겠지만 고체 속에서는 막대한 수의 전자를 상대해야 할 것 같은데」

A: 「전자수는 언제나 변함이 없으므로 복잡하지만 특별하게 생각하지 않아도 되네」

—이런 경우에도 관점을 바꿀 수 있다. 고체 속의 전자를 에너지 준위로 나누면 충만대와 전도대로 구별되었다. 충만대에는 완전히 자리를 채운 전자가 있는데, 이 상태를 바탕으로 하여 다시 생각해 보자. 그러면 전도대에 있는 전자만을 여분으로 생각할 수 없고 열이나 빛에 의한 에너지 보급으로 충만대로부터 튀어오르는 전자나, 충만대에 생긴 빈 자리인 정공(正孔)을 새로이 더하여 생각해야 한다. 그렇게 되면 전자수도, 따라서 정공수도 변한다고 보아야 한다. 빛의 경우와 아주 비슷하게 된다.—

A: 「전자수가 변하는 것은 고체의 일부분에서 일어나는 겉보기만인가 하면 실제 일어나네. 전자도 광자처럼 없어지기도 하고, 갑자기 나타나기도 하지」

세계와 반세계

B: 「광자가 꺼졌다, 나타났다 하는 것은 전자가 그것을 드나들게 하기 때문이 아닌가? 전자가 꺼졌다, 나타났다 하는 것은 어떻게 생각해야 하는가?」

A: 「그때는 광자가 전자를 들락날락하게 하는 식으로는 안 되네」

—전자가 나타날 때에는 반드시 상대를 수반한다. 그 상대는 전자와 대략 같은 성질을 가지지만 전기적인 성질만이 반대여서 플러스의 단위전기량을 갖는다. 이것을 양전자라고 한다. 나타날 때뿐만 아니라 꺼지는 경우에도 이 둘은 함께 행동한다.

광자는 전자와 양전자를 한 쌍의 조로 하여 방출하는 것같이 생각하겠지만 그 쌍을 방출하자마자 광자는 소멸된다. 또 전자와 양전자가 쌍으로 소멸하는 경우는 광자가 갑자기 나타난다. 광자가 전자를 들락날락하게 했다고 말할 수도 없고, 거꾸로 전자와 양전자의 어느 한쪽이 광자를 냈다고도 구별할 수 없다.

왜 전자와 양전자의 쌍이 나타났다가 소멸하는가 하는 물음에 답을 낸 것은 디랙이었다.

이 세상을 에너지로 보면 두 가지 부분으로 성립된다. 하나는 에너지가 플러스인 세계인데 지금까지 보아온 현상은 모두 이 부분에 속한다. 그런데 또 하나 그 배후에 마이너스 에너지의 세계가 있다. 이 세계는 절대 보지 못한다.—

B: 「잠깐, 앞에서 원자에 잡힌 전자의 에너지는 마이너스라고 했네. 그때 자네는 에너지의 양, 음은 무엇을 기준으

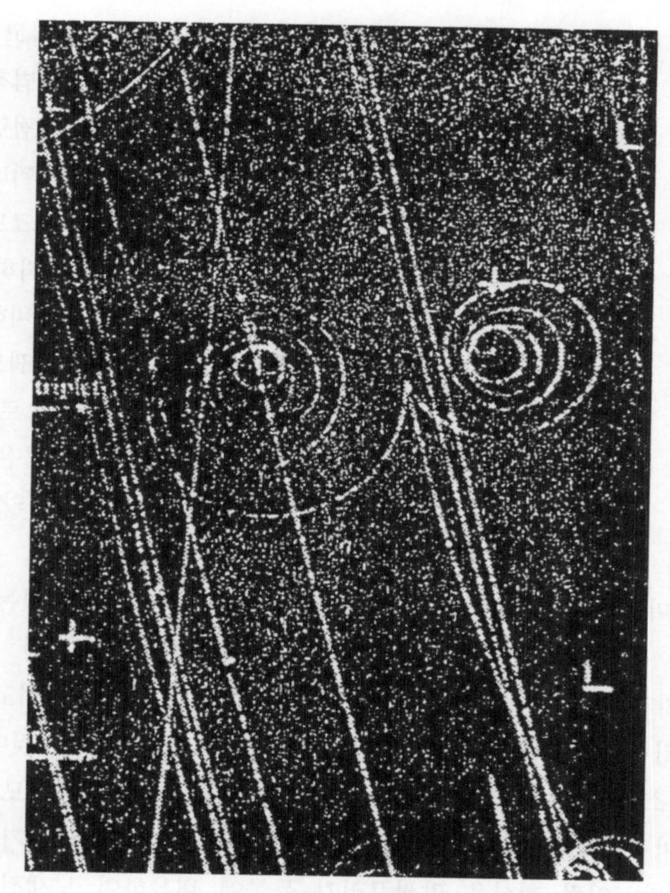

〈그림 38〉 전자, 양전자의 쌍창생(위 화살표)

로 삼아도 된다고 했지. 지금 얘기로는 에너지의 양, 음은 의미가 있는 것 같은데」

A: 「미안, 미안. 다소 설명이 부족했네. 그렇다면 이렇게 약속하세. 먼저 우리가 거론하는 물체가 전혀 없는 가공의 세계를 생각하여 그걸 에너지가 0인 세계라고 부르세. 그

세계에 전자를 1개 보내세. 그 전자는 질량을 가지고 있으므로 에너지와 질량은 동등하다는 아인슈타인의 법칙에 의해 그 질량에 비례한 플러스의 에너지 부분을 점령하네. 이와 마찬가지로 우리가 거론하는 어떤 물질이라도 그 질량에 비례하는 플러스의 에너지 값이 대단히 크므로 에너지의 대부분을 이 질량에 의한 에너지가 차지하지. 원자, 분자 또는 원자핵의 퍼텐셜 에너지는 이와 비하면 훨씬 작으므로, 가령 퍼텐셜 에너지의 측정법을 바꿔보아도 전체적으로는 앞의 약속대로 0의 세계를 기준으로 하여 플러스의 세계에 수용되네. 즉 지금까지의 양, 음은 플러스 에너지의 세계에서는 상대적인 호칭에 지나지 않네」

—마이너스 에너지의 세계를 생각하는 이상 거기에 있는 전자를 문제로 삼고 싶어지는데, 이 세계의 전자는 기묘한 성질을 가지게 된다. 예를 들면 어느 방향으로 움직이게 하려고 힘을 가하면 그와 전혀 반대 방향으로 움직이는 기묘한 것이다. 플러스 에너지의 전자는 빛을 내면 그만큼 에너지를 소모하지만 마이너스 에너지의 전자는 빛을 낼 때마다 더욱더 원기왕성해진다. 이런 현상을 말썽꾸러기 동물에 비유하여 노새전자라고 이름을 붙인 사람이 있다. 노새전자가 관측되면 지금까지의 양자역학은 엉망이 되어버린다. 간단하게 생각하연 노새전자는 처음부터 없다고 생각하면 되겠지만 그렇게는 안 된다.

양자역학은 실은 상대성원리의 요구를 받아들여야 한다. 움직이는 물체의 속력이 빛의 속도에 가까워지면 상대성 이론이 성립한다. 전자가 광속도에 가까운 빠른 속도로 달리는 것은

〈그림 39〉 디랙의 전자론에서의 에너지 그림

사실이므로 이 요구는 피할 수 없다. 그렇게 되면 전자와 더불어 노새전자의 존재를 싫든 좋든 인정할 수밖에 없다.

디랙은 노새전자의 존재를 인정하면서도 그때까지의 양자역학을 망치지 않는 좋은 생각을 찾아냈다.

공간에는 노새전자가 가득 찼다고 생각한다. 전자에는 파울리의 금지법칙이 작용하는데 노새전자에도 작용한다. 노새전자가 공간의 자리 전부를 점령하고 있으면 제멋대로 운동하지 못하므로 그 기묘한 성질이 눈에 띄지 않는다. 그렇다면 설사 노새전자가 있어도 방해를 받지 않으므로 플러스 에너지의 전자는 노새전자가 찬 바다에 관계없이 돌아다닐 수 있다. 전자와 노새전자는 에너지가 양과 음으로 다르므로 파울리의 금지법칙에 구속받지 않는다.

노새전자가 가득 찬 공간을 에너지 그림으로 나타내는데 0의 선보다 질량에 상당하는 에너지만큼 떨어진 아래쪽 전부를 연속적으로 칠해버리면 된다. 이것이 앞서 아무것도 없다고 약속한 공간의 진짜 모습이다.

그래서 광자가 들어오는 경우를 생각해보자. 전자는 플러스 에너지의 장소나 노새전자의 바다 속이든 둘 중 하나이다. 미소한 에너지를 가진 광자에 노새전자는 "마이동풍"이다. 그러나 플러스의 에너지와 마이너스 에너지 간의 홈을 넘어뛸 만한 에너지를 가진 광자가 오면 금방 광자를 흡수하고 그 에너지를 얻어 노새전자는 진짜 전자로 급변해버린다. 전자로 변환된 노새전자 뒤에는 빈 자리가 생긴다. 전부 차면 관측되지 못한다고 약속한 노새전자의 바다에 구멍이 뚫어졌으므로 이번에는 실제 볼 수 있게 된다. 이것이 단위의 양전기를 갖고 플러스 에너지 입자와 마찬가지로 운동하는 양전자이다. 광자가 소멸하고 대신 전자와 양전자가 생기는 메커니즘이다.

그리하여 전자와 양전자가 합치면 이와 반대 현상이 일어날 것이다. 전자가 노새전자의 빈 자리에 들어가고 여분의 에너지를 광자로서 낸다. 이것을 우리는 전자와 양전자가 소멸하고 대신 광자가 나타났다고 관측한다.—

B: 「그렇군. 그런 일이 일어나는 것은 전자가 특별한 것이기 때문인가?」

A: 「그렇지는 않네. 거의 대부분은 이와 비슷한 반대 입자를 가지고 있네. 가령 양성자에도 반양성자가 있음이 확인되었네. 이 반대쪽 입자만을 모으면 전자와 양성자로 수소

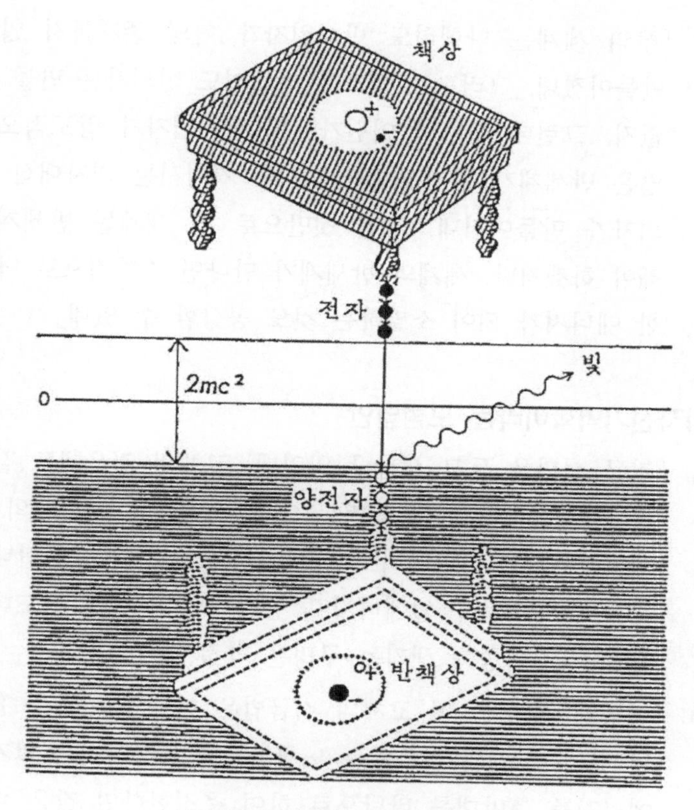

〈그림 40〉 물질과 반물질의 소멸

원자가 만들어지는 것과 똑같이 양전자와 반양성자로 반수소원자가 될 걸세. 자꾸 모으면 이 의자나 책상과 똑같은 반의자나 반책상이 생길 가능성도 있지. 자연법칙은 반대물에서도 공평하게 성립되므로 충분히 생각할 수 있네.」

B:「그러나 의자와 반의자를 함께 하면 전자와 양전자의 짝처럼 즉시 소멸하지 않겠는가?」

A: 「우리 세계는 다행히도 반대입자가 거의 존재하지 않게 만들어졌네. 그러므로 의자는 만들어도 반의자는 만들 수 없지. 그런데 우주의 어딘가에는 반대입자가 압도적으로 많은 반세계가 없다고 못할 걸세. 거기서는 의자대신 반의자가 만들어지네. 그런 것만으로 된 세계는 반세계라 해야 하겠지만, 세계와 반세계가 만나면 순간적으로 막대한 에너지가 되어 소멸하는 것도 공상할 수 있네」

양자전기역학이라는 모범답안

B: 「지금 설명을 듣고 생각난 일인데, 고체의 경우에도 같았네. 플러스 에너지의 전자는 고체 속에서는 전도대의 전자에 해당하고, 마이너스 에너지의 노새전자는 충만대의 전자 같아. 빛과 열에너지로 충만대의 전자가 전도대로 뛰어넘고, 나중에 생기는 구멍은 양전자와 비슷하군」

A: 「그렇네. 사실은 이 고체의 취급법은 디랙의 이론을 흉내 낸 걸세. 고체의 경우에는 노새전자가 등장하지는 않지만 에너지를 충만대를 바탕으로 하여 측정한다면 같은 이론이 적용되며, 원자나 원자핵에서도 같은 이론을 적용할 수 있네. 입자가 가득 찬 껍질을 바탕으로 하면 껍질 바깥에 있는 입자와 껍질에 생기는 정공은 입자와 반입자의 관계로 고쳐 생각할 수 있지. 그러므로 제일 이상적이며 현실적인 경우를 상상하여 모범답안을 만들어두는 것이 중요하게 되네」

B: 「빛의 양자역학이 전자의 양자역학과 다른 방식, 즉 두 번째 양자화를 시도한 것은 광자를 집단으로 취급할 필

요가 있었기 때문이었지. 그런데 이번에 자네는 전자도 역시 생기기도 하고 소멸하기도 한다고 말했네. 그렇다면 그 이론을 전자에도 적용시켜야 하는가?」

—그래서 전자도 광자도 이번이야말로 같은 자격으로 취급하는 방법이 하이젠베르크와 파울리에 의해 만들어졌다. 그것은 전자에 상대성이론의 요구를 받아들인 점을 강조하여 상대론적 양자역학이라 불리며, 전자기장을 양자역학적으로 다뤘다는 의미에서는 양자전기역학이라고도 불린다. 결국 전자와 빛은 여기까지 나가서 취급해야 하기 때문에 이것은 양자역학의 종점이라고도 말할 수 있다. 앞서와 같은 도식을 그려보면

빛 파동 → (아인슈타인) → 입자

↓

양자전기역학 { 빛의 양자역학
전기의 상대론적 양자역학

↑

전자 입자 → (드 브로이) → 파동

으로 변한다.

양자전기역학이 생긴 덕분에 광자와 전자가 서로 간섭하는 현상을 여러 가지로 설명할 수 있게 되었다. 이것은 광자와 전자의 충돌, 즉 콤프턴 산란을 해명한 클라인과 니시나가 계산해냈다. 산란된 광자의 파장이 방향에 따라 변하는 사실은 양자론으로도 설명되지만 어느 방향에 어느 정도의 비율로 광자가 튕기는가, 처음 광자의 에너지를 바꾸면 그 비율이 어떻게

변하는가는 클라인-니시나의 공식으로 비로소 주어진다. 그들은 실험을 증명하여 양자전기역학이 옳다는 것을 밝혔다.

전자가 물질 속을 뚫고 지나가면 그 길이 휘어져 광자를 내는 현상을 제동복사(制動輻射)라고 부른다. 방사선장해로 문제가 되는 유해한 감마선과 관계있는 현상인데, 이 현상을 설명하는데 양자전기역학을 알아야 한다. 그러면 우주선 속에 갑자기 전자가 증가되는 샤워현상도 잘 설명된다.—

B: 「그럼 양자전기역학으로 양자역학이 완성되었다고 말할 수 있겠네」

도모나가의 재규격화이론

A: 「그렇게 말하고 싶지만, 실은 아직 단언하지 못하는 이유가 있네. 양자역학은 광자와 전자를 잘 결합시켰다고 생각되었는데, 결합점에 큰 약점이 있다는 것이 알려졌어. 이를테면 양자전기역학에 따르면 전자는 광자를 내는데, 같은 광자를 다시 한번 흡수하는 경우도 있네. 내었다 들어가면 아무 문제도 없이 전자는 원래 상태로 되돌아갈 것 같이 생각되지만 그때마다 전자의 에너지가 증가하네. 전자는 포격한 대포와 같은 이치로 광자가 나갔다 들어갔다 할 때마다 반동으로 운동하기 때문이지. 이 운동 에너지는 무한히 큰 값이 되네. 에너지가 늘면 전자의 질량이 무거워지므로 이 전자질량은 무한히 무거워진다는 결론이 나오는데 그런 터무니없는 일이 일어날리 없지. 실제 전자질량은 톰슨 경과 밀리컨이 실험으로 구한 것 같이 가

볍다네」

B:「역시 양자역학의 확장공사에 오산이 있었던가?」

A:「그렇게 생각한 사람도 있었어. 그러나 한편으로는 여러 가지 현상이 문제없이 설명되기 때문에 전적으로 오산이랄 수는 없었네. 잘 알아보니 전자가 광자를 드나들게 할 때의 반동을 문제로 삼지 않으면 모두 이치에 맞는데, 이것을 고려하면 반드시 기묘한 결과가 나왔네」

—도모나가는 이 반동의 성질을 잘 알아보았다. 그랬더니 여러 가지 기묘한 결론이 나오는 원안으로 두 가지 사실이 있다는 것을 알아냈다. 하나는 전자가 무한히 무거워지는 것과, 둘째는 전자의 전기량이 무한히 작아지는 것이었다. 다행히도 이 이외에는 어처구니없는 결과를 가져오게 하는 원인이 없었다.

답은 기묘하게 되지만 이 두 가지는 보통이라면 상식적인 것이다. 전자는 광자를 드나들게 하므로 자기 주위에 광자의 구름을 옷처럼 둘러싼다. 옷만큼 전자가 무거워지는 것은 당연하였다. 또 전자가 낸 광자가 공간을 가로지를 때 공간에 찬 마이너스 에너지의 노새 전자가 방해를 한다. 그 결과 목적지에 닿는 광자가 줄고, 마치 전자가 광자가 내는 것을 아끼는 것같이 보인다. 전자가 광자를 내는 비율은 전기량에 비례하므로 전기량이 준 결과가 나와도 이상하지 않았다. 양자 전기역학의 어딘가에 약점이 있어도 두 가지 기묘한 사실이 존재하는데 이렇게 참작할 여지가 있었다. 도모나가는 무한대한 질량을 진짜 질량값으로, 무한소의 전기량을 본래의 값으로 간주하는 방법을 생각해냈다. 그렇게 되면 진짜 관측과 앞뒤가 맞는다. 이 이

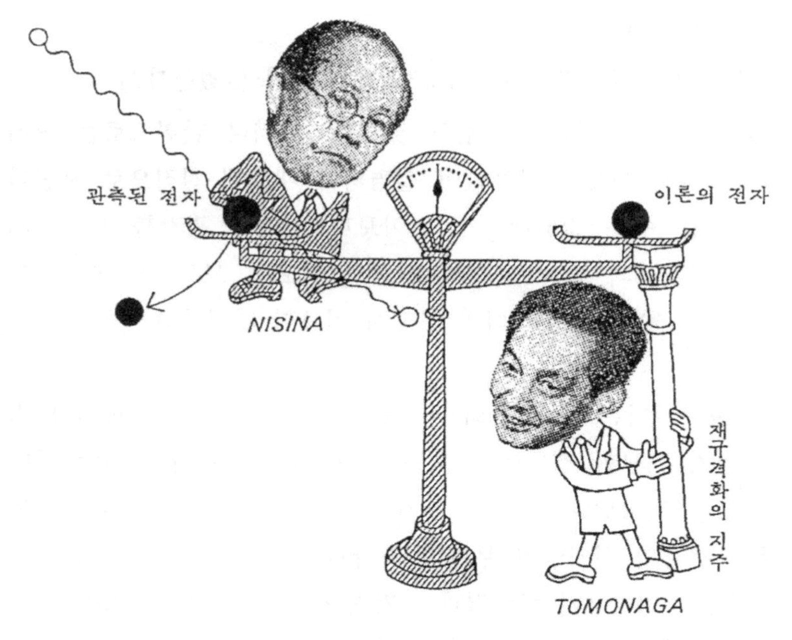

〈그림 41〉 양자전기역학의 기둥

론을 "재규격화"라고 이름 붙였다.

이 방법은 훌륭히 성공을 거두었다. 수소원자의 빛스펙트럼을 상세히 알아보면 양자역학으로 예상한 것과 약간 어긋난다. 이것은 전자의 스핀 효과를 감안하면 상당히 개선되지만 그래도 근소하게 차이가 있다. 전자의 반동효과는 상태에 따라 다를 것이며 그 때문에 근소하게 차이가 나는 것 같다. 이 예상을 바탕으로 하여 실제 재규격화이론에 의한 양자전기역학으로 계산해 보면 놀랍게도 관측과 일치하였던 것이다.―

B: 「그렇다면 도모나가는 양자전기역학을 구제하였다고 하겠군」

A: 「전자의 질량과 하중 속에 재규격화된 수치상의 결정을 제외하면 양자전기역학은 완전해졌다고 해도 되네. 확실히 이 결점은 문제가 되지만 사실은 어떤가를 실제 관측하여 확인하는 방법은 현재로서는 없네. 도모나가의 이론은 슈윙거와 파인먼에 의해 다시 정리되어 여러 가지 방면에 응용되게 되었으며, 이 방법에 의해 소립자 현상, 원자핵의 구조문제, 고체의 전자기적 성질, 레이저 현상 등 모두가 활력을 찾았네」

3. 극저온의 세계

일렉트로닉스의 앞날

B: 「양자역학을 종점까지 도착할 수 있게 한 것이 양자전기역학이라는 얘기였는데, 이 양자전기역학은 앞으로의 여러 가지 가능성과 어떻게 결부되는가?」

A: 「그럼 현재 여러 가지로 추구되는 문제를 두세 가지 소개해두겠어. 먼저 친근한 구체적인 예로서 일렉트로닉스를 들어보겠네」

—일렉트로닉스가 트랜지스터의 출현으로 놀랄만한 진보를 한 것은 누구나 인정한다. 더 이상 진보하지 않을 것이라는 사람도 있다. 트랜지스터의 성능이나 신뢰도, 가격은 오늘날에는 극한까지 왔기 때문이다. 이 염려는 잘못되었다. 왜냐하면 집적회로 기술의 발달에 의해 표현되는 현상의 진전이 그것을 입증

하고 있으며, 앞으로는 반도체만이 아니라 MOS라고 불리는 금속-산화물-반도체의 세 가지 물질을 함께 생각하는 것 같이 재료와 장치가 일체로 되는 방향으로 나갈 것이다.

그러나 트랜지스터의 발명에서 중요한 점은 전자와 정공효과, 불순물준위를 만드는 소수의 불순물 효과의 발견이다. 그리고 무엇보다도 중요한 점은 고체 속의 전자에 대한 양자역학의 결론인 밴드의 이론이 유효함이 알려진 것이다.

트랜지스터는 저마늄 속에 불순물이 섞여야 하는데, 그것이 극히 미량임을 요구하기 때문에 하나의 기술상의 어려움에 부딪쳤다. 그런데 불순물의 양을 늘려도 같은 효과를 갖는 것이 있음을 일본의 에사끼가 발견하였다. 에사끼 다이오드 또는 터널 다이오드라 불리는 것이다.

p형과 n형의 반도체를 결합시킨 것이 다이오드인데, 보통 다이오드의 불순물이 많아지면 전압을 상당히 높게 걸지 않으면 전류가 흐르지 않는다. 에사끼는 반대로 불순물을 많이 넣어 보았더니 뜻밖의 현상이 일어났다. 전압이 낮아도 그 다이오드에는 전류가 흐를 뿐만 아니라 전압을 변화시키면 한번 흐른 전류가 감소하였다가 다시 증가한다. 이 기묘한 성질은 상당히 높은 주파수에 대해서도 변함이 없었으므로 세계의 주목을 끌었다. 이 에사끼 다이오드 속에서 일어나는 현상은 밴드의 이론에 의해 간단하게 이해된다.

에사끼 다이오드의 출현은 불순물에 의한 제조상의 결함을 일소하였다. 아직 충분히 실용화되지 않았지만 트랜지스터의 벽을 무너뜨릴 가능성을 가진 것이다.

이것과 꼭 반대로 전류가 변화하면 전압에 여러 가지 변화를

〈그림 42〉 3준위 메이저의 원리

일으키는 것을 p-n-p-n 다이오드라고 하는데, 전류나 전압의 변화로 기억회로를 만드는 컴퓨터에는 두 가지가 모두 중요한 구실을 한다.

고체 속에서 전자가 일으키는 현상 가운데서 최근 주목되고 있는 것들 중의 하나는 메이저, 레이저이다. 기체나 액체에 의한 메이저가 개발되는 동기는 고체 메이저가 열어주었다. 루비 같은 상자성결정(常磁性結晶)을 공진기에 넣어 자기장을 가하고, 여기에 일정 주파수의 전파를 넣으면 낮은 주파수의 발진을 할 수 있고, 또 증폭에도 쓰인다. 고체 속의 원자가 스핀을 가졌기 때문에 자기장에 의해 세 가지 에너지준위로 나눠지는 성질이 있기 때문에 3준위 메이저라고 불린다.

그 원리는 앞서도 언급하였는데, 외부로부터 주입한 전파로 원자를 최저준위로부터 최고준위로 밀어 올리면 열 진동으로 중간준위로 떨어져 모인다. 자꾸 원자를 밀어 올렸다가 떨어뜨리는 과정을 되풀이하여 대부분의 원자를 중간준위로 올리고 나서 최저준위와 중간준위의 에너지 차에 상당하는 주파수를 가진 미소한 전파를 가하면 즉시 많은 원자가 빛을 내고 떨어진다. 그러므로 주파수가 일정하고 강력한 마이크로파나 빛이 얻어진다. 원자가 자연적으로 빛을 내거나, 외부 전파에 유발되어 스스로 전파를 내는 것은 양자역학에서 알려진 양자효과이다. 이것이 고체문제와 결부되어 실용화되었다고 하겠다. 메이저도 앞으로의 일렉트로닉스 발전의 중요한 인자이다.—

저절로 기어나오는 액체

A:「고체의 메이저, 레이저, 더 일반적으로는 고체의 전자기적 성질을 확실히 파악하여 새로운 가능성을 모색하는데 온도를 극단적으로 낮게 할 필요가 있지. 크라이오트론이 나온 것도 그 덕분이네」

B:「크라이오트론이란 처음 듣는데」

A:「탄탈럼과 나이오븀의 전도성이 자기장에 의해 서로 다른 것을 이용하여 미소한 전력으로 작동시키는 것이지. 약 0.2㎜ 반지름의 탄탈럼에 0.08㎜의 나이오븀선을 감은 눈썹 정도의 크기이므로, 이것을 사용하면 컴퓨터의 기억장치는 조금 큰 생일케이크상자 정도밖에 안 되네. 다만 까다로운 것은 이것을 작동시키는데 절대온도 몇도 정도

까지 온도를 낮추어야 하지만, 그 때문에 액체헬륨 냉각 장치가 필요하네」

B:「절대온도라면 -273℃를 0℃로 한 온도이군. 그런 극단적인 저온이 왜 필요한가?」

—고체는 이런 정도의 온도가 되면 저항이 0이 되고, 전류를 얼마든지 수송하는 초전도라는 성질을 나타낸다. 예를 들면 나이오븀은 9°K, 탄탈럼은 4.4°K에서 초전도성을 나타낸다. 이 초전도성을 유지하는 온도는 미소한 자기장으로 변화하므로 둘 사이를 흐르는 전류가 상호간에 자기장을 일으켜 섬세한 균형이 유지된다. 어느 편이든 전류를 올리면 다른 쪽은 초전도성을 상실하여 저항이 생기므로 전류가 흐르기 어렵게 된다. 즉 근소한 전류의 변화로 상대를 제어할 수 있게 된다.

저온에서 일어나는 현상 중에 재미있는 또 다른 문제가 있다.

헬륨은 상온에서는 기체인데 4°K에서 비로소 액체가 된다. 그런데 이것을 더 냉각시켜 2.2°K까지 내리면 기묘한 성질을 나타낸다. 비커에 이 액체헬륨을 넣으면 아주 얇은 막이 되어 기어올라 슬금슬금 낮은 곳으로 달아나버린다. 물에 이런 성질이 없는 것은 점성이 있기 때문인데, 이 액체헬륨은 점성이 없는 것같이 보인다. 이것을 초유동(超流動)이라 부른다. 초전도든 초유동이든 절대0도 가까이에서 비로소 나타나는 성질이다.—

B:「그런 현상은 전부터 알고 있었는가?」

A:「초전도는 1911년 오네스에 의해, 초유동은 1938년에 카파차가 발견하였는데, 1908년 처음으로 헬륨을 액화한

것은 오네스였지. 이 해에 저온물리학이 탄생하였다고 하겠네」

B: 「양자역학이 20세기에 만들어진 것은 알겠는데, 저온이 20세기에야 만들어진 이유는 무엇인가?」

A: 「절대온도는 켈빈 경이 열역학에 도입한 척도인데, 그 이론을 확대하면 절대0도에서는 모든 것이 정지된 죽음의 세계가 된다고 상상하였고, 거기서는 물질의 성질이 없어진다는 의견이 강했기 때문이네. 실은 그렇지 않지만」

—원자, 분자가 절대0도에서 정지되지 않는 이유는 하이젠베르크가 수립한 불확정관계에 의한다. 설사 절대0도라도 입자의 위치도 운동량도 동시에 0이 되지 않으므로 얼마간의 운동이 남는다. 얼마간이라 하였는데 여기까지 오면 플랑크의 h에 관계된 문제이므로 절대0도에서는 양자역학에 의한 효과가 뚜렷이 나온다고 추정된다.

헬륨은 원자 가운데서도 질량이 작은 것이므로 명확하게 양자역학의 효과가 나타날 것이었다. 비커의 벽을 따라 빠져나가는 성질은 점성이 없다는 것을 나타내는 것같이 보인다. 그런데 금속의 원판을 액체헬륨 속에서 회전 진동시켜 그 점성을 조사해보면 문제의 2.2°K 이하가 되어도 점성은 갑자기 없어지지 않는다. 벽을 따라 빠져나가는 성질과 점성이 있다는 것은 모순되는 것 같지만 란다우는 이것에 대해 명확한 답을 냈다.

액체헬륨은 I과 II로 구별되는 두 가지 액체로 되어 있고, 헬륨 I은 보통 성질을 갖고, 헬륨 II는 초유동성을 가진다고 했다. 비커의 벽을 따라 도망간 II와 원판을 잡은 I은 다르다는 것이다.

보통 성질과 초유동이라는 기묘한 성질을 갖는 부분으로 된 액체헬륨은 모순된 것을 취급하는 양자역학의 안성맞춤의 상대이었다. 그래서 란다우, 온서거, 파인먼 등에 의해 양자전기역학을 본뜬 소용돌이운동의 양자론이 만들어지고, 양자유체역학이 탄생하게 되었는데 전문적이 되므로 여기서 그치겠다.—

양자가 눈에 보인다

B: 「한 가지 기묘하게 생각되는 일이 있네. 양자역학의 효과란 원자수준의 얘기여서 우리는 간접으로밖에 알 수 없었고, 또 눈에 보이지 않는 작은 양과 관계가 있었네. 그런데 액체헬륨의 비커 실험은 직접 눈에 보이지 않는가?」

A: 「그렇지. 사실 자네 말대로 이런 경우에는 양자역학 효과가 눈에 보이네. 그건 왜냐하면 원자나 원자핵인 경우와 대단히 차이가 있기 때문이지」

—전자나 핵자는 파울리의 금지법칙에 따르기 때문에 하나밖에 같은 상태에 들어가지 못한다. 그 때문에 원자나 원자핵 에너지 준위에는 아래로부터 순차적으로 전자나 핵자가 자리를 채워 마법수가 유도되었다. 그런데 극저온에서 헬륨원자 전체는 파울리의 금지법칙을 따르지 않고 어떤 상태에도 몇 개씩이나 들어갈 수 있다. 절대0도 가까운 액체헬륨은 모든 원자가 최저 에너지상태로 된다고 생각된다. 전문용어로는 보즈 응집(凝集)이라 한다. 하나하나 원자의 양자역학적 효과가 작더라도

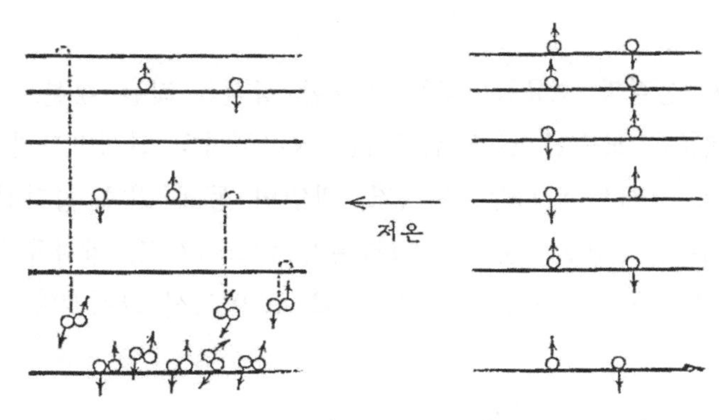

〈그림 43〉 초전도의 실현

막대한 수가 모이면 그 효과는 '확대 되어 눈에 보인다.

고체인 경우의 초전도현상은 전자가 주역이며, 전자에는 파울리의 금지법칙이 작용하니 어떻게 되는지 의문이 생긴다. 확실히 전자는 하나씩 다른 상태로 들어가기 때문에 전체로서는 제각기 양자역학의 효과를 상쇄한다고 생각된다. 그런데 초전도 상태에서는 이와 전혀 다르다는 것을 바딩이 알아냈다.

분자의 공유결합에서는 우회전과 좌회전 전자가 쌍이 되어 운동하였다. 이 한 쌍을 마치 하나의 입자처럼 생각하면 어떨까? 이 입자에는 파울리의 금지법칙이 작용하지 않기 때문에 앞서의 보즈 응집과 같은 이치가 된다. 분자에서는 전자쌍은 확률의 파동이 겹친다는 것뿐 실제로는 2개의 전자를 결합하면 불확정성 때문에 격심하게 운동하여 떨어져버릴 것이다. 그런데 여기서 비열(比熱)을 해명할 때 나타난 음자(音子)가 2개의 전자를 잡아 결합하는 구실을 한다. 실제 이 힘을 구해보면 분명히 보통 상태와 초전도 상태 사이에는 큰 차이가 있음을 알게 된다.—

B:「결국 어느 경우든 보즈 응집 때문에 양자를 볼 수 있게 한다는 거로군. 음자가 등장하여 생긴다는 것이 원인인 모양이군」

A:「여기까지 와서 확실한 것은 고체 속에서 일어나는 현상은 대부분이 전자와 음자 에너지가 주고받는데서 일어난다는 점일세. 결국 일렉트로닉스는 전자와 광자나 음자의 교섭을 어떻게 기술화하는가 하는 문제가 되지 않을까?」

4. 초고온의 세계

별의 불과 양자역학

B:「다음에 고온 이야기를 들어보세. 어쨌든 저온에는 -273℃라는 한계가 있었는데 고온의 목표는 어느 정도인가?」

A:「자연계에 어느 정도 높은 온도가 있는가를 찾아보면 별의 온도가 되겠는데, 평균하여 약 1000만에서 1억 도이고, 20억 도가 되면 별이 폭발을 일으키므로 이것이 한도라고 하겠어. 현재 지상에서 인간이 만들 수 있는 온도는 최근에 와서 1000만 도에 도달하게 되었으나 실은 수억 도의 온도가 꼭 필요하네」

B:「상당히 얘기가 커져 짐작이 가지 않는데, 왜 고온이 필요한가?」

A:「용접기의 불길은 약 3,000℃, 최신 내열재, 예를 들면 탄화지르코늄을 녹이는데 4,000℃면 충분하지. 그러나 미

사일이나 로켓이 대기권에 돌입할 때 생기는 온도는 10,000℃가 가깝다고 생각되지만, 최근에는 플라즈마 총(銃)이 등장하여 20,000℃ 정도의 온도가 나오므로 우선 실용적 연구에는 충당되네. 그러나 수억 도를 목표로 하는 이유는 다른데 있어. 그것은 우리가 필요한 장래의 에너지 공급원을 얻기 위해서일세」

—20세기의 에너지 공급원의 주역은 원자력이다. 금후(지금으로부터 뒤에 오는 시간) 100년간에 인류가 필요로 하는 에너지량은 과거에 사용한 총량의 6~7배가 필요하다. 석유, 석탄, 태양열 등으로 공급할 수 있는 양은 그중 약 반에도 미치지 못하므로 아무래도 반 이상은 원자력에 의해 보충해야 한다.

그런데 현재의 원자력 이용률을 연장시켜 생각하면 그 반은 안심이 되지만 나머지 반이 문제가 된다. 현재의 원자력은 잘 알다시피 우라늄, 토륨 등의 원자핵분열 에너지를 이용한다. 그 에너지가 전부 공급된다면 덤이 생길 정도일 텐데 갖가지 사정으로 실현이 어렵다. 먼저 재료 전부를 태우는 일이 어렵다. 생긴 에너지를 전기로 변환할 때에 손실이 많다. 그리고 제일 어려운 점은 악성방사능(惡性放射能)이 나온다는 것이다.

물론 이에 대한 개선책은 실천되어가고 있다. 고속 중성자로나 증식로의 개발, 연료의 재처리방식 개량이라든가, MHD라 불리는 직접발전방식의 연구 등이 현재의 원자력을 이용하는 길을 열어줄 것이다. 그러나 핵분열 에너지가 늘어나면 방사선의 위험을 방지하는 노력도 필요하게 되므로 언젠가는 막다른 골목에 부딪칠 가능성이 충분히 있다.

그래서 핵분열보다 역사가 오래된 별 속에서 일어나는 원자핵 반응, 즉 원자핵과 원자핵을 결합시키는 융합 반응을 생각하게 된다.

원자핵분열은 한정된 무거운 원자핵에서만 일어나지만 융합반응에는 여러 가지가 있다. 그러나 인류가 에너지를 이용할 수 있는 융합반응은 한정된다. 그것은 중수소에서 삼중수소나 헬륨을 만드는 경우든가, 중수소와 삼중수소로부터 헬륨을 만드는 경우이다. 중수소는 양성자와 중성자가 수소원자의 양성자와 전자처럼 결합된 것인데 에너지 그림에서는 하나의 선으로 나타나는 점에서 둘은 닮았다. 그러나 에너지 그림의 0의 선에서 재면 중수소는 1,000배나 아래에 있는 선이다. 삼중수소나 헬륨의 이에 해당하는 선은 역시 그 몇 배인데 융합반응에서는 그 차를 이용한다. 화학반응과는 3자리나 차이가 있다.

그런데 이렇게 에너지가 다른데도 화학반응과 융합 반응은 관계가 깊다. 많은 중수소원자 가운데서 미소한 중수소원자핵끼리 결합하여 엄청난 에너지를 내도 다른 많은 원자에게 화학반응과 같은 기구로 조금씩 그것을 빼앗기면 결국 수적인 문제가 되어 우리가 얻게 되는 에너지는 거의 남지 않는다. 이래서는 곤란하므로 처음부터 중수소원자 따위가 생기지 않도록 원자를 뿔뿔이 흩어지게 해놓을 필요가 생긴다. 이렇게 원자가 원자핵이나 이온과 전자로 뿔뿔이 나눠진 것을 플라즈마라고 부른다. 즉 융합반응 에너지를 꺼내는 데는 플라즈마 상태로 하여 도중의 에너지 약탈자를 제거해야 한다. 그러기 위해서는 적어도 1만에서 10만 도의 온도가 필요하게 된다.—

프로메테우스의 불

B:「1만 도라면 앞서 말한 플라즈마층으로 충분할 텐데, 수억 도라니 너무 거창하지 않는가? 태양이라도 수천만 도라고 하지 않는가」

A:「플라즈마를 만드는 것은 에너지를 꺼내는 최저조건일세. 목적하는 융합반응을 일으키고, 또한 현재의 원자력과 경쟁할 수 있는 에너지를 꺼내는데 그 이상의 온도가 필요하게 돼」

—플라즈마 속의 원자핵이나 이온 하나하나는 반드시 평균온도가 아니고 구구각각이다. 그것은 마치 가스 속에 있는 분자와 같은 상태이다. 또한 평균온도 이하가 되는 수가 많고 높은 온도가 될수록 수가 적다.

융합반응은 원자핵끼리 모두 플러스 전기를 갖고 떨어져 나가려는 것을 강제로 결합시키려는 셈이므로 큰일이다.

그런데 좋은 방법이 있다. 앞서 얘기한 가모브의 분화구와 같은 양자역학의 터널효과를 이용하는 일이다. 가모브의 이론에서는 원자핵 속에 있는 알파입자가 터널효과에 의해 밖으로 빠져나왔는데, 이번에는 밖에 있는 원자핵이 터널효과로 다른 원자핵 속으로 들어간다고 기대된다. 이것이 융합반응 메커니즘이다.

그러나 반응 비율은 평균온도를 가진 원자핵에서 거의 0이며, 그보다도 온도가 높은 일부 원자핵에서는 커진다. 원자핵은 평균온도 이상이 되면 수가 감소하는데 역설적으로 융합반응이 일어날 비율은 그 근방부터 증가한다. 그래서 드문 일부 원자

〈그림 44〉 융합반응의 온도

핵을 사용하는 외에 방법이 없다고 하면 평균온도를 올려 그 수를 상대적으로 늘려야 한다. 그러기 위해서는 우선 100만 도 이상의 온도가 필요하다.

그런데 또다시 어려운 문제가 기다리고 있다. 고온 플라즈마 속에서는 전자가 격심하게 운동하여 원자핵으로 인하여 휘어져 빛을 낸다. 앞에서 얘기한 제동복사이다. 그 때문에 플라즈마 중의 전자는 원자핵으로부터 에너지를 취한다. 모처럼 고생하여 융합반응을 일으키게 해도 필요한 에너지가 전자의 운동에 사용되고 만다. 전자를 없앨 수 없으므로 처음부터 에너지를 그 몫을 예측하여 넘칠 만큼 준비해야 한다. 이런 일들을 여러 가지로 고려하면 수억 도 이상으로, 더욱이 1㎤당 1만조 개 입자의 플라즈마를 만들어야 한다.—

B: 「그래서 수억 도의 온도가 가능해지면 융합반응을 일으킬 수 있단 말인가?」

A: 「그리스신화에 프로메테우스라는 신이 있지. 그는 올림포스의 신들에게서 성화(聖火)를 훔쳐 회향(茴香) 줄기 속에 감췄지. 그 때문에 산꼭대기에 쇠사슬로 묶였고, 인간은 판도라의 상자에서 갖가지 해악을 받았어. 이 이야기는 융합반응의 미래를 암시하는지 모르네. 그러나 궁극적으로 프로메테우스는 인류의 은인이었다고 하겠네」

—현대의 프로메테우스들은 어떻게든지 불을 가두어 넣은 회향의 줄기를 만들려고 고심하고 있다. 수억 도의 플라즈마를 넣을 용기는 내열재로는 무리다. 그래서 자기장이라는 눈에 보이지 않는 밧줄을 사용하여 용기를 만들려 한다. 다행히도 플라즈마는 스스로도 자기장을 만들고 자승자박하는 성질을 가졌다. 이것을 핀치라고 한다. 이 플라즈마의 핀치효과를 이용하거나 또는 외부로부터 자기장을 걸어 어떻게든 플라즈마를 속박하는 방식을 연구하고 있다. 그러나 이것도 쉽지 않다. 몸통을 묶으면 머리가 달아나버린다.

머리와 다리를 묶어서 도넛형으로 해도 밧줄을 빠져나가므로 플라즈마를 안정하게 잡아두는 데는 여러 가지 구속방식을 연구해야 한다. 그와 관련하여 구속한 플라즈마에 어떻게 에너지를 주어 고온으로 하는가 생각할 필요가 있다. 밧줄을 조금씩 조이거나, 방전에 의해 플라즈마가 스스로 조여지면서 밧줄을

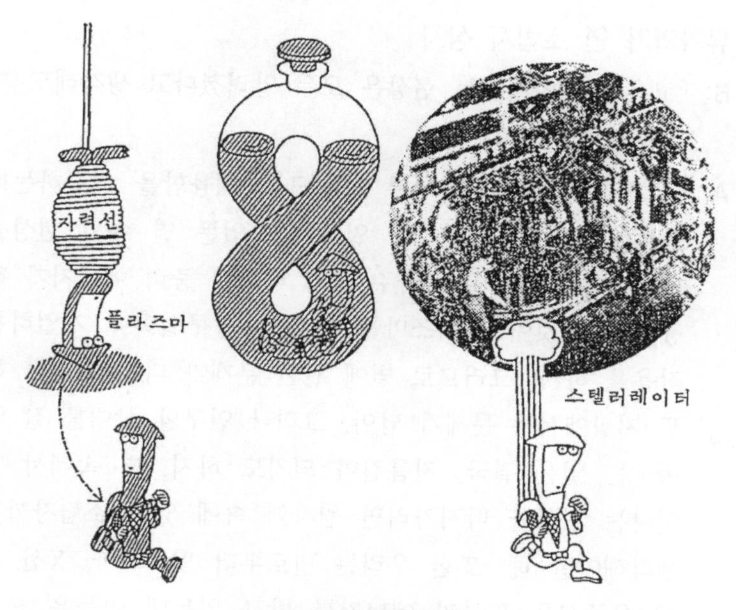

〈그림 45〉 플라즈마의 구속

잡아당기는 "눈치기"라 불리는 방식, 전기장이나 자기장으로 외부로부터 원격조작 하여 플라즈마를 운동시켜 열을 올리는 방식 등이 연구되고 있다.—

B:「그래서 현재 어느 정도의 온도까지 올릴 수 있는가?」

A:「플라즈마가 구속되는 시간과 온도 양쪽을 보아야 하는데 수백 만 도 정도야. 개중에는 수천 만 도, 1억 도에 이르렀다는 얘기도 있는데 어떻게 온도를 측정했는가가 문제이지. 그러나 이 몇 년 동안에 점차 목적에 다가서고 있는 느낌이 들어」

유가와가 연 소립자 상자

B:「고온에서 일어나는 현상은 모두 알려졌다고 생각해도 되는가?」

A:「그렇지는 않아. 아무튼 그러므로 핵융합을 연구하는데 표본이 되는 융합반응을 일으키고 있는 별 속의 현상을 조사해야 하네. 별은 아주 크기 때문에 중력 에너지가 작용하여 그것이 플라즈마를 구속하는 구실이나 가열하는 작용을 하지. 그러므로 별에 관한 문제가 다 밝혀진다 해도 지상에서는 문제가 남아. 그러나 연구할 상대를 잘 알아두는 일은 결국, 지름길이 되기도 하지. 별 속에서 일어나는 현상을 따져가려면 원자핵 속에 있는 소립자까지 생각해야만 해. 또한 우리는 별로부터 빛, 전파, X선 외에 우주선을 통하여 에너지를 받고 있는데 이들은 모두 소립자라는 형태로 받아들이기 때문에 더욱 그렇지. 그런데 소립자 현상에 대해서는 아직 모르는 일이 산더미 같은 실정일세」

B:「소립자라면 그 이상 나눌 수 없다고 들었네. 전자나 광자, 원자핵 속의 양성자나 중성자는 모두 소립자이겠지만, 이 말은 좀 다르다는 느낌도 나는데」

A:「확실히 자네 말대로 새로운 어감이 있어. 실제 소립자라는 말이 쓰이기 시작한 것은 일본의 유가와(湯川秀樹)가 중간자의 존재를 제창한 즈음부터야」

—광자나 전자로 시작된 원자물리학의 역사는 얘기해온 대로 상당히 파란에 찬 드라마였고, 양자역학이나 양자전기역학이라

유가와가 연 소립자의 상자

는 체계가 태어났다. 그래서 여러 가지 현상이 해명되었지만 실은 전자도 광자도 옛날부터 있었던 것이다.

그런데 유가와 이론은 이 역사에 또 하나 극적인 장면을 덧붙였다. 양자역학의 체계만을 발판으로 하여 그때까지 아무데서도 볼 수 없었던 새로운 입자의 존재를 딱 알아맞혔다. 양자역학 속에 광자를 포함시키기 위해 두 번째 양자화라는 수법을 썼다. 이 수법은 전기장, 자기장의 전자기력과 광자를 밀접하게 결합시켰다. 유가와는 이 방법을 원자핵 속의 제일 강한 힘에 적용시켰다. 만일 양자역학의 방법이 옳다면 이 강한 힘에 꼭 결합된 입자가 있을 것이다. 그 입자는 전자의 200배 정도의 무게를 가질 것이라고 결론되었다. 과연 그의 결론은 실제로 확인되었고, 그 입자는 실제로 존재하였다. 그것이 현재 파이중간자라고 불리는 것이다. 중간자이론이 완성되기 위해서는 양자역학의 저력이 유감없이 발휘되었다고 해야겠다. 또한 일본의 사카다와 다니가와는 이와는 다른 중간자도 생각할 수 있다고 주장하였는데 이것은 우주선의 주성분으로 실증되었다.

파이중간자의 출현에 의해 양자역학은 크게 비약하였다. 전자만이 관련된다고 보인 양자역학이 더 일반적인 체계로서 그 적용범위가 무한히 확대되는 것이 확실해졌기 때문이다. 실제 중간자론의 출현은 물리학자들의 가능성에 대한 탐구를 더욱 대담하게 하였다.—

B:「즉, 소립자라는 총칭은 양자역학이 가진 저력으로 새로운 입자를 총괄할 수 있다는 자신이 포함되었다는 건가?」

A:「그렇게 말해도 되겠지. 그러나 이런 일도 알아두어야 하

네. 파이중간자의 발견부터 현재까지 소립자 수는 자꾸 늘어가기만 해. 하나씩 셈하면 200종류 이상이나 돼. 많은 원자를 설명하는 것은 양자역학의 사명 중의 하나였다고 얘기했지. 이런 상황은 현재로는 원자대신 소립자를 상대로 다시 일어나고 있어. 과연 양자역학의 저력이 여기서 다시 발휘될 것인가, 또는 양자역학과는 전혀 다른 체계가 필요하게 될지 여러 가지 의견이 나왔어. 그러나 적어도 어떤 것이든 양자역학이라는 출발점에서 출발해야 비로소 해답을 얻을 수 있을 것이라는 점이야. 아무튼 양자역학은 저 멀리에 아직도 큰 꿈을 가지고 있네」

VI. 양자는 무엇을 가르쳤는가

〈컴퓨터의 기억소자—지식을 낳는다. 중요한 것은 지식을 낳는 사고방식이다〉

—A 교수와 B 씨의 다섯 번에 걸친 회합은 이상으로 끝났는데, 그 후 A 교수로부터 B 씨에게 편지가 왔다. 그 내용을 여기에 실어 이 책을 끝맺겠다.

영원한 진리란

B 군, 정중한 편지 고마왔네. 양자역학에 관한 하찮은 내 이야기를 끝까지 열심히 들어주었음을 감사하네. 나중에 생각해보니 여러 가지 못다 한 얘기가 많은데 그것은 자네를 다시 만나는 기회가 있으면 하기로 하겠네. 그러나 꼭 덧붙여둘 중요한 일이 있네. 그것은 양자역학의 출현, 발전, 활동을 통해 우리에게 무엇을 가르쳤는가 하는 점일세. 그래서 이 편지를 쓰기로 하였네.

양자역학이 완성되기 전, 즉 양자론이 태어날 즈음의 이야기를 되새겨주기 바라네. 당시 세계의 물리학계를 지배한 것은 뉴턴이 기틀을 만든 역학, 맥스웰의 전자기학 같은 고전역학이었지. 열역학을 이미 볼츠만과 맥스웰이 분자의 운동량으로 고쳐 썼고, 빛도 대부분이 전자기학으로 체계화되었으므로 입자의 운동과 파동현상에 대해서는 완전히 정리되었었네.

이리하여 뉴턴의 역학과 맥스웰의 전자기학으로 풀 수 없는 현상은 없다고 당시 사람들은 굳게 믿었었네. 이런 가운데 양자의 개념이 태어났지. 그런데 아무래도 양자가 존재해야 했어. 이것을 뚜렷이 보여준 것이 플랑크의 행동이었지. 그는 검은 상자의 현상을 유도하여 양자를 발견하였으나, 양자가 고전물리학을 뿌리 채 흔들리라고 결코 생각해 보지도 않았어. 그는 어떻게 하든 양자를 고전물리학 속에 조화시키기 위해 노력하

전동차 속에서 일어나는 현상에 상대성이론을 적용시킬 수는 없다
—운동의 차이가 시계를 틀리게 한 것이 아니다

였어. 그러나 연구할수록 양자와 고전물리학 사이에 가로놓인 도랑은 더욱더 깊어만 가는 것을 느끼게 됐어.

절대로 옳다고 생각되었던 고전물리학은 지금까지 얘기해온 대로 원자, 분자에 관한 한 양자역학에 길을 양보해야 했어.

또 하나 뉴턴역학에 도전한 것은 상대성이론이었지. 이에 대해 자세히 얘기하지 못한 것이 유감스럽지만 속도가 광속도에 가까워지는 현상에 관한 한 뉴턴역학은 또 다시 상대성이론에 자리를 양보해야만 했어.

그럼 뉴턴역학이나 맥스웰의 전자기학은 완전히 잘못이고 양자역학과 상대성이론만이 옳은가? 확실히 h를 무시하거나 광속도가 대단히 크다면 그때는 고전물리학이 되므로 고전물리학은 양자역학이나 상대성이론과 근사한 이론이라 볼 수도 있지. 그러나 전동차 속에서 일어나는 현상을 상대성이론을 적용하거나 모터의 설계에 양자역학을 응용하는 것은 무의미하지. 인공위성의 궤도는 뉴턴역학으로 정확한 답이 나오며, 위성이 내는 전파는 완전히 맥스웰의 전자기학으로 조절되네. 고전물리학도 현상에 따라서는 완전히 옳다네. 양자역학이나 상대성이론이 알아낸 것은 완전히 옳다고 하던 고전물리학도 어떤 문제에 관해서는 틀렸다는 사실일 걸세.

B 군, 우리는 언제나 무슨 이론이나 법칙을 완전히 옳다고만 믿는 버릇이 있지 않을까? 만일 어떤 사실에 대해서 그보다 뛰어난 이론이 있으면 그것만이 완전하고 먼저 이론은 불완전하다고 생각하기 쉽지. 우리는 완전과 불완전, 옳고 그릇됨을 언제나 단순하게 판단하지 않았을까? 양자역학의 출현은 어떤 올바른 이론에도 한계가 있고, 또 한계가 있다고 해서 그것에 알

맞은 문제에 관해서는 변함없이 옳다는 것을 가르쳐 주었다고 하겠어. 우리 주변에 있는 진리란 이런 거야. 영원한 진리라는 생각은 적어도 20세기에서는 반성해야만 하네.

양자역학에도 한계가 있다

B 군, 양자론을 만들 때 일어난 고전물리학의 저항과 양자역학을 완성시킬 때의 보어가 어떻게 고전론을 사용하였는가 비교해보게. 여기에 하나의 교훈이 있네. 그것은 한계를 생각하지 않는 입장과 한계를 알고 그 장점을 이용하는 입장과는 얼마나 차이가 나는지 일세.

고전물리학은 일상 세계에서는 완전하지. 그렇다고 해서 자연계의 모든 현상에 대해서도 완전하다고 할 수는 없네. 그것을 자각하는지 아닌가는 다른 세계에 직면했을 때 큰 차이가 나타나네. 보어가 사용한 방식을 대응원리(對應原理)라고 하는데, 이것을 사용하지 않았으면 드브로이의 천재적인 영감도 양자역학 속에서 결실을 못했을지도 몰라.

B 군, 우리는 언제나 새로운 문제를 대할 때 낡은 생각을 억지로 관철시키려고 하지 않았을까? 또 낡은 생각이라 알게 되면 그것을 돌아보지도 않고 그가 가진 좋은 점을 쓰려는 노력에 인색하지 않았을까?

양자역학도 원자, 분자의 세계에서는 완전한 이론이라도 소립자의 세계에서는 반드시 완전하다고 단언할 수 없네. 양자역학의 종점이라 생각된 양자전기역학은 일본의 도모나가의 재규격화이론에 의해 겨우 난점을 벗어나 여러 가지 현상을 설명하였지. 그러나 재규격화된 질량과 하전에도 난점이 아직 남아 있어. 양자전기역학에서는 그것을 눈감아 주더라도 다른 소립자를 취급하려고 이론을 확대시키면 그때는 재규격화이론으로도 어쩔 수 없는 어려움이 실제 나타나네. 소립자에 대해서는 양자역학을 적용할 수 있는 한계가 뻔히 보이는 것 같으니 말일세.

양자역학의 해석에 대해서는 자네에게 이야기한 것 같이 긴 논쟁의 역사가 있지. 플랑크, 아인슈타인, 드브로이 같은 양자론을 완성하는 데 공헌한 사람들도 완성된 양자역학에는 몹시 불만을 품었어. 확실히 그들에게는 고전물리학에 뿌리박은 오래된 실제를 못다 버린 결점이 있었어. 양자역학의 정통적인 해석은 보어를 중심으로 한 코펜하겐학파라 불린 그룹에 의해 완성되었으며 이 해석을 완성시킨 노이만의 이론에 의해 완전히 보강되었다네.

노이만의 결론은 요컨대 양자역학이 완전한 체계라는 것이었어. 그러나 노이만의 이론을 추진하면 결국 관측은 자의식(自意識)을 가진 추상적인 것에 좌우되게 되네. 물리학자는 누구나 크든 작든 객관적인 실재를 믿네. 이 분위기는 노이만의 결론을 반드시 받아들이지는 않아. 아인슈타인과 드브로이의 이론을 현재 계속 연구하고 있는 사람은 봄일세. 봄은 양자역학의 배후에는 숨겨진 변수가 있으며, 그 때문에 낡은 인과적인 생각이 조금 남는다고 주장하고 있어.

실제 양자역학이 소립자 세계에서 난점을 나타내는 것이 사실인 이상 노이만처럼 양자역학을 완전하다고 하는 논의는 또 다른 새로운 이론이 나오는 것을 오히려 방해할는지도 몰라. 그러므로 봄들의 생각도 의의가 있는 것일세.

양자역학도 완전하지는 못하네. 새로운 세계로 향할 때는 언제나 이 사실을 자각하고 생각해야만 하네.

지식보다도 생각하는 패턴을

B 군, 자네는 양자역학이 전개한 이야기를 들으면서 같은 이론이 형태를 바꾸어 여러 분야에서 응용되었음을 알아차렸을 것이야.

원자껍질 이론은 그것을 만드는 힘이 전혀 다른 데도 불구하고 원자핵껍질 이론을 낳았지. 분자의 공유 결합이론은 고체에서도 활용되었어. 미처 얘기할 기회가 없었지만 하이틀러와 론돈의 영구방식은 그대로 강한 자성을 가진 물질의 해명에 유용되었고, 분자 구름의 이론은 고체에서는 밴드 이론에 활용된 거야.

에너지의 언덕을 넘는 이야기에서는 화학반응의 착합체도 원자핵반응의 복합핵도 아주 흡사한 것을 알아차렸을 것이며, 핵분열도 화학반응도 레이저 현상도 모두 흡사한 이론에서 나왔고, 양자가 터널을 파는 이론은 원자핵의 알파 붕괴나 융합반응에 적용될 뿐만 아니라 고체 속에서도 응용됐었어.

물론 사고방식이 서로 닮은 예는 고전물리학에도 있어. 더욱 광범위하게 말하면 과학의 여러 분야에서는 결국 다른 문제에 대해 같은 사고방식을 부합시키고 있어. 20세기까지의 과학은 확실히 겉보기는 서로 달랐어. 물리학과 생리학에서는 연구하는 상대가 물질과 생명으로 확실히 다르기 때문에 그 사고방식과 방법에도 차가 있었다고 많은 사람들이 생각했어. 물리학이 진보하고 생물학이 진보된 오늘날에는 아무도 그렇게 생각하지 않아. 인간의 과학적인 사고방식은 그렇게 다르지 않을 걸세.

양자역학은 전자라는 중개자를 사용하여 여러 가지 과학 분야인 무기화학, 유기화학, 고분자화학, 생물학, 의학, 전자공학, 물성물리학, 소립자물리학, 우주물리학 등등을 결부시켰네. 전자는 어디까지나 중개자였고 양자역학이 다한 역할은 인간의 사고방식이 얼마나 서로 닮았는가를 밝힌 것이 아니었을까?

극단적으로 말하면 양자역학을 사용하지 않아도 되는 문제라도 이런 사고방식을 살릴 수 있을 것이야. 사고방식의 패턴으로 보면 양자역학은 하나의 유력한 패턴을 부여한다고 해도 되겠네.

고전물리학과 양자역학은 사고방식의 패턴도 명백하게 다르네. 양자역학의 출현으로 우리가 사물을 보는 방법이 보다 넓고 보다 융통성 있게 되었어. 어떤 이론도 올바름과 그에는 한계가 있다는 것과 상반되는 현상에도 하나의 올바른 생각이 있음을 알았을 뿐만 아니라, 그것을 교묘히 사용하는 방법을 가르치고 있네.

또 이것은 생각해나가는데 신중함과 대담성을 가르쳤고, 그 이용방식을 나타낸다고 하겠네.

B 군, 우리는 과학을 하나의 지식으로만 받아들이고 있지 않을까? 지식은 언젠가는 낡고 쓸모없게 돼. 정말 중요한 것은 그 지식을 탄생시키는 일이야. 양자역학에서 배워야 할 것은 그에 대한 하나하나의 지식이 아니고 사고방식이라 생각해. 이것은 우리 사고방식의 패턴으로서 언제나 살아 있을 것임을 잊어서는 안 될 걸세.

인간에게서 떠났다가 인간에게로 돌아온다

B 군, 자네는 양자역학을 통해서 20세기 과학이 크게 진보하는 모습의 일부를 이해했으리라 생각하네. 물론 우리가 다룬 이야기는 현대 과학의 극히 일부에 지나지 않았어. 건축공법의 뛰어난 발달, 교통기관의 고속화, 소닉스 시대라고까지 불리는 음파의 이용, 렌즈로부터 파이버스코프에 이르는 기학광학의 응용, 적외선과 밀리파, 서브 밀리파의 양편에서 추진되고 있는 광파의 개발, 크라이오트론으로 대표되는 여러 가지 자전관(磁電管)의 등장 같은 오늘날의 화제는 양자역학과는 관계없든가, 또는 직접적인 관련을 문제 삼지 않아도 이야기할 수 있지. 그러나 이것은 겉보기뿐이야. 과학의 어떤 부문에서 일어난 발전은 차례차례 서로 관련되어 다른 부분에 자극을 주게 돼.

양자역학이 관련되는 부문은 트랜지스터나 원자력으로 대표되는 것 같이 그 규모가 비교할 수 없을 만큼 크고 그 영향력도 강력하다네.

과학, 특히 기술은 두 가지 형으로 발전해. 하나는 처음 알게 된 기술을 토대로 하여 그것을 응용, 이용하려는 방식일세. 이것은 지금까지 모든 분야에 나타난 "기술의 확대"라고 할 만한 형태이지. 그런데 20세기에서는 여러 가지 요구에 쫓겨 미지의 기술을 개척해가야 했어. 이 둘째의, 즉 "기술의 깊이"라고 해야 할 방향이 나타났네. 트랜지스터는 진공관의 일렉트로닉스의 벽을 깨뜨리기 위하여, 원자력은 에너지의 부족을 구제하기 위해 개척된 기술의 깊이일세.

기술의 깊이는 이제까지 우리가 몰랐든가, 또는 간단히 정할 수 없었던 세계로 향해, 그리고 기술의 확대보다도 엄청나게 큰 수확을 얻었지. 이것이 20세기 과학의 특징이라면 앞으로 과학도 수확을 얻기 위해서는 더욱더 우리들 인간 주변으로부터 멀어져 간다고 추측해도 될 것이야.

B 군, 자네도 아마 우리 일상생활과 과학이나 기술 세계가 격리되어 가는데 대해 불안을 가지고 있음에 틀림없을 걸세.

과학이 더욱더 인간을 떠나 일상 경험하는 고전물리학 대신 양자역학을 사용하여, 또 앞으로 양자역학과 다른 새로운 이론을 생각해야 하는 것은 우리에게 행복한 일인가 불행한 일인가 자네도 의문을 가질 것이지만.

우리는 이 과학에 의해 지금까지 상상도 못한 영향을 받고 있어. 한편 한없이 생활을 풍요하게 하는 수단이라는 형식으로, 다른 한편에서는 생존을 위협하는 악마의 형태를 취하고 원자력의 위험성과는 자리 수가 다르지만 교통기관이 일으키는 사고, 산업이 일으키는 공해 등등, 우리에게 다가서는 악마가 있네. 가령 이들을 없애기 위해 과학의 모든 진보를 중지시킨다고 하면 동시에 우리 생활은 수백 년이나 이전의 가난한 상태로 되돌아가야 하네. 그만큼 현대생활은 과학에 의존하지 않고는 생각하지 못해. 우리는 싫든 좋든 과학을 받아들여야 하네. 이렇게 되면 과학의 진보가 행복한가 불행한가 하는 문제는 결국 그것을 지배하는 인간의 태도에 달렸어. 그 의존도는 과학이 진보될수록 커질 것이야. 그러므로 20세기 과학은 인간으로부터 떠나가면서 반대로 인간으로 되돌아온다고 보겠네. 양자역학은 여러 가지 결과를 낳았고, 또 미래에도 생길 것이네. 그 결과들을 어떻게 인간이 진보하는데 살리는가 하는 문제를 양자역학은 한 사람, 한 사람의 인간에게 던지고 있네.

B 군, 우리는 양자역학을 발판으로 하여 다시 한번 과학과 인간의 문제에 대해 생각해보기로 하세. 그리고 20세기 과학의 훌륭한 성과를 보다 훌륭하게 키우는 데 노력하지 않겠는가.

양자역학을 중심으로 한 연표

1859	열복사의 법칙(키르히호프)
64	전자기학의 기본식(맥스웰)
69	원소의 주기율표(멘델레프)
79	열복사의 법칙(스테판)
84	수소의 발머계열(발머)
90	스펙트럼선 공식(유드베리)
93	복사의 변위법칙(빈)
95	흑체(빈)
96	열복사 공식(빈)
	방사선(베끄렐)
	전자(톰슨)
1900	복사의 공식(레일리)
	복사의 공식(플랑크)
	양자가설(플랑크)
04	원자모형(톰슨)
	원자모형(나가오카 한타로)
05	광량자가설(아인슈타인)
	특수상대성원리(아인슈타인)
07	비열의 이론(아인슈타인)
08	스펙트럼선의 분석(리츠)
11	원자핵의 존재와 원자모형(러더퍼드)
	초전도현상(오네스)
12	비열의 이론(데바이)
13	원자구조론(보어)
14	에너지준위의 실증(플랑크, 헤르츠)
	X선스펙트럼의 법칙(모즐리)
15	일반상대이론(아인슈타인)
18	대응원리(보어)
23	컴프튼효과(컴프튼)
	물질파(드브로이)
25	금지법칙(파울리
	스핀(울렌벡, 하우트스미트)

1926	파동역학(슈뢰딩거) 매트릭스역학(하이젠베르크) 확률해석(보른)
27	불확정성원리(하이젠베르크) 물질파의 확인(데이비슨, 저머) 상보성원리(보어) 공유결합의 이론(하이틀러, 론돈)
28	전자의 상대론적 방정식(디랙) 광량자론(디랙) 알파붕괴의 이론(가모브)
29	양자전기역학(하이젠베르크, 파울리) 컴프튼산란의 이론(클라인, 나시나 요시오)
30	양전자의 이론(디랙) 양자역학논쟁(아인슈타인-보어)
32	원자핵구조론(하이젠베르크) 중성자(채드윅) 양전자(앤더슨)
34	중성자에 의한 원자핵 전환(페르미)
35	중간자론(유가와 히데키)
38	핵분열(한, 슈트라스만) 초유동현상(카피차)
41	원자로(페르미) 초유동이론(란다우)
42	2중간자이론(사카다 쇼이치, 다니가와 야스다카)
43	초다시간이론(도모나가 신이치로)
47	수소원자의 에너지 준위(람, 레저퍼드) 새입자의 발견(로체스터, 바틀러)
48	재규격화이론(도모나가 신이치로, 슈윈거, 파인만) 트랜지스터(쇼클리, 바딘, 브래틴)
49	원자핵의 껍질모형(마이어, 엔센) 원자시계(미국표준국)
54	메이저(타운스)
56	우기성비보존(리, 양)
57	초전도이론(바딘, 쿠퍼, 슈리퍼)

양자역학의 세계
처음으로 배우는 사람을 위하여

초판 1쇄 1979년 09월 20일
개정 1쇄 2019년 08월 12일

지은이 가다야마 야수히사
옮긴이 김명수
펴낸이 손영일
펴낸곳 전파과학사
주소 서울시 서대문구 증가로 18, 204호
등록 1956. 7. 23. 등록 제10-89호
전화 (02)333-8877(8855)
FAX (02)334-8092
홈페이지 www.s-wave.co.kr
E-mail chonpa2@hanmail.net
공식블로그 http://blog.naver.com/siencia

ISBN 978-89-7044-897-8 (03420)
파본은 구입처에서 교환해 드립니다.
정가는 커버에 표시되어 있습니다.